Aus dem Leben eines Franken.
Dr. August Ziegler (1885–1937) –
Pflanzenzüchter in Togo und Rebenzüchter in Bayern

Abbildung 0.1:
Rieslaner Trauben, Kreuzung zwischen Riesling und Silvaner, Züchtung von Dr. August Ziegler (1921) an der *Bayerischen Hauptstelle für Rebenzüchtung in Würzburg-Veitshöchheim*

© Bayerische Landesanstalt für Weinbau und Gartenbau, Würzburg-Veitshöchheim

Wolfram Ziegler

# AUS DEM LEBEN EINES FRANKENS

## Dr. August Ziegler (1885–1937)

## Pflanzenzüchter in Togo

## und Rebenzüchter in Bayern

Hamburg: tredition 2017

Impressum Die Deutsche Bibliothek – CIP-Einheitsaufnahme

Ziegler, Wolfram:
Aus dem Leben eines Franken.
Dr. August Ziegler (1885–1937) –
Pflanzenzüchter in Togo und
Rebenzüchter in Bayern.
Bearbeitet und herausgegeben
von Gudrun Wolfschmidt.
Hamburg: tredition 2017.
(ISBN 978-3-7439-0498-9)

Cover-Gestaltung: Janina Glaza-Schennach, Atelier Grafik-Design, Bensheim.

*Abbildung auf dem Cover vorne: Dr. August Ziegler, Portrait in Togo
(Familienarchiv Ziegler)*

*Frontispiz: Rieslaner Trauben (© BLWG Würzburg-Veitshöchheim)*

*Titelblatt: Dr. August Ziegler (1885–1937) (Familienarchiv Ziegler)*

*Abbildung auf dem Cover hinten: Afrikanerin Togo, etwa 1911
(Foto: August Ziegler).*



Verlag: tredition GmbH, Grindelallee 188, 20144 Hamburg
ISBN 978-3-7439-0498-9 (Paperback) – Printed in Germany.

# Inhaltsverzeichnis

Abbildung 0.2:

Rebzeilen

Foto: Wolfram Ziegler

# Vorwort: Dr. August Ziegler – Leiter der Bayerischen Hauptstelle für Rebenzüchtung, Würzburg-Veitshöchheim

*Josef Engelhart, Weinbautechniker und Ampelograph, Würzburg-Veitshöchheim*

Dr. August Ziegler war von 1920 bis 1937 Leiter der *Bayerischen Hauptstelle für Rebenzüchtung in Würzburg-Veitshöchheim*, der heutigen Bayerischen Landesanstalt für Weinbau und Gartenbau Veitshöchheim. Die Bayerische Hauptstelle für Rebenzüchtung wurde im Jahre 1912 von Hofrat Dr. Dern gegründet.

Dr. Dern hat die Probleme des fränkischen Weinbaus erkannt, die in den niedrigen und unsicheren Erträgen lagen und sofort große Klonensammlungen der Rebsorten Silvaner und Riesling angelegt. Mit seinem Weitblick und seinen Verbindungen hat er die Rebsorte „*Müller Thurgau*" nach Franken und Deutschland gebracht und hier eingeführt. Riesling war damals die Modesorte im deutschen Weinbau und die guten Riesling-Weine von Rhein und Mosel haben den Frankenwein, der vielerorts noch als „Gemischter Satz" angelegt war verdrängt. Riesling konnte in Franken aber nur in den besten Lagen angebaut werden und in den geringeren Lagen der Silvaner.

Dr. August Ziegler hat die Sammlung von Dr. Dern mit züchterischen Selektionsmethoden aufgearbeitet und die Erträge und die Qualitäten vom Silvaner in die Höhe geschraubt, damit die fränkischen Winzer wieder eine sichere Lebensgrundlage finden konnten. Im Zuchtbuch „*Rebenzüchtung Würzburg, 1920–1937*" wurde diese saubere und akribische Arbeit dokumentiert und der Nachwelt erhalten. Dahinter stecken 17 Jahre intensive Züchtungsarbeit in einer armen und schwierigen Zeit zwischen den beiden Weltkriegen. Die zwei immer noch aktuellen Silvanerklone *Wü 78* und *Wü 92* stammen aus der Selektionsarbeit von Dr. August Ziegler und wurden 1956 beim

Bundessortenamt eingetragen. Diese Klone genießen einen guten Ruf in ganz Deutschland und sind vor allem in Franken weit verbreitet. Sie sind ertragssicher und qualitativ hoch stehend.

Auch die beiden Müller Thurgau-Klone *Wü 7-5* und *Wü 12-4* wurden von ihm selektiert und sind immer noch aktuell im fränkischen und deutschen Weinbau vertreten. Das ist eine Superleistung!

Dr. August Ziegler war auch Pionier in der Unterlagsreben-Züchtung und der Neuzüchtung von Rebsorten wie zum Beispiel der Rebsorte „*Rieslaner*". Er wollte die guten Eigenschaften vom Riesling und vom Silvaner vereinen in einer neuen „Idealsorte". Die Reblaus-Schäden erforderten damals eine Umstellung des gesamten fränkischen Weinbaus von wurzelechten Stecklingen auf veredelte Pfropfreben mit einer amerikanischen Wurzel – ein immense Arbeit! Aus unserer heutigen Sicht entspricht dies einer biologischen Bekämpfung der Reblaus – genial.

Herzlichen Dank an Herrn Wolfram Ziegler, dass er das erfolgreiche und höchst spannende Leben seines Onkels hier für die Geschichte des fränkischen Weinbaus dokumentiert hat.

Josef Engelhart, Weinbautechniker und Ampelograph,
Abteilung Weinbau, Bayerische Landesanstalt
für Weinbau und Gartenbau (LWG), Veitshöchheim

Abbildung 0.3:
LWG Logo
© LWG

# Grußwort: Aus dem Leben eines Franken

*Wolfram Ziegler*

Liebe Leserinnen und Leser,

im Folgenden beschreibe ich Ihnen aus dem Leben meines Onkels, dessen ungewöhnliche Lebensgeschichte 1885 in dem schönen Frankenstädtchen Marktbreit begann und nach nur 51 Jahren endete, genau als ich vor 80 Jahren in Hamburg geboren wurde. Es ist mir gelungen nach dieser langen Zeit Wesentliches seiner Vita zusammen zu tragen. Seine Aufgaben in Togo, seine Fotos dazu, seine fünf Jahre Kriegsgefangenschaft zeigen damit auch ein Streiflicht Deutscher Kolonialgeschichte auf. Seine Verdienste um den Weinbau, besonders in Franken, sind im Vorwort bereits prägnant zusammengefasst. Ich selbst habe mit dem Weinbau nie zu tun gehabt. Auf der Basis einer Metallfachausbildung habe ich 18 Jahre in unterschiedlichen Metallgewerken, auch als selbständiger Handwerksmeister gearbeitet. Dann drückte ich noch mal die Schulbank und qualifizierte mich zum Verwaltungsfachwirt. In den folgenden 30 Jahren war ich mit vielen Aufgaben des Arbeitsmarktes und der Arbeitsvermittlung, überwiegend in Leitungsfunktionen, bei den Arbeitsagenturen in Offenbach und in Darmstadt befasst. Ich hoffe es ist mir gelungen Ihnen – nun als Autor – eine kurzweilige Lektüre anzubieten.

Abbildung 0.4:
Rieslaner-Trauben
im Wingert
>Pfaffensteig<
(Winzerin Linda
Müller)

Foto: © Weingut
Kreglinger

Abbildung 1.1:
Dr. August Ziegler, vor 1911, Afrika vor 1914, Würzburg, etwa 1935
(Familienarchiv Ziegler)

# Aus dem Leben eines Franken –
# Dr. August Ziegler

## 1.1 Wer war Dr. Ziegler?

Die Vorbereitungen der Stadt Marktbreit zur Feier ihres Jubiläums „200 Jahre Stadtrechte" waren der Anstoß für mich, Wolfram Ziegler, als dem letzten lebenden Neffen für meinen Onkel

> Dr. August Otto Friedrich Ziegler und
> seiner Vaterstadt Marktbreit ein Andenken zu schaffen.

Dr. Ziegler gehört zu den anerkannten Wissenschaftlern und Persönlichkeiten der Weinkultur. Seine diesbezüglichen Erkenntnisse und Erfolge sind in der Fachwelt von Autoren, einer Autorin, sowie in den Archiven der LWG und anderen Datenquellen ausreichend dokumentiert worden. Diese Dokumente bilden bis heute gültige Grundlagen der Rebenkultur. Insoweit darf ich mich bei meinem Überblick auf wenige laienverständliche Eckdaten des weinfachlichen Lebens von August Ziegler beschränken und weniger bekannte Aspekte seiner Afrikazeit einfügen.

Der Lebensgeschichte eines erfolgreichen Bürgers der Stadt Marktbreit nachzuspüren war spannend. Sein rebenzüchterisches Erbe ist zwar ausreichend dokumentiert. Aber sein übriges Leben ist wenig bekannt. Es gibt zunächst nur die amtlichen Personaldaten, mündliche Überlieferungen innerhalb der Familie, auch wenige Fotos. Zeitgenössische Zeugen kann man nicht mehr befragen. Eine dürftige Ausgangsbasis …

Dass sich nun Angehörige aufmachten um die Spuren des beachtenswerten Vorfahren August Ziegler zu verfolgen ist, wie erwähnt, Christel und Reiner Weber zu verdanken. Und weil es für diese Beiden wenige Anhaltspunkte zur Suche gab versuchten sie es zunächst anhand von alten Fotos. Reiner organisierte es: 6 Nichten und Neffen 2. Verwandtschaftsgrades zu August Ziegler machten sich mit ihren Ehepartnern im August 2006 auf den Weg. Sie hatten alte Fotos im Gepäck. Darunter auch eines mit einem Wohnhaus in Veitshöchheim, umgeben von einem Weinberg. Leider ohne Ortsangabe und ohne Datierung. Es soll Dr. August Ziegler gehört haben. Durch Befragung im Ort versuchte man herauszufinden wo in Veitshöchheim sich das abgebildete Wohnhaus denn befinden könnte. Das Ergebnis war ernüchternd. Denn das Haus sei wohl dem Brückenbau der ICE Strecke über den Main zum Opfer gefallen. In eifriger Suche wurden auch die Ruinen und Fundamente von Wohngebäuden unterhalb der riesigen Eisenbahnbrücke aufgefunden. Sicher war ein besseres Ergebnis erhofft worden … Erst 2016 konnte ich erfahren, dass die Suchgruppe einer Fehlinformation aufgesessen war! Das abgebildete Haus liegt am Rossberg und es existiert noch. Der damalige Aufenthalt eignete sich aber gut zur Erkundung des Schlosses und des Barockgartens in Veitshöchheim. In Würzburg folgte die Besichtigung der Fürstbischöflichen Residenz und vor allem des darunter liegenden „Staatlichen Hofkellers". Dort befindet sich das Dr. Ziegler gewidmete so genannte Beamtenfass (vgl. Abb. 3.6, S. 57). Im Wissen um das Leben von August Ziegler war man vorerst nicht recht weitergekommen. Das bedurfte noch einiger Sucharbeit. Insbesondere seine Aufgaben im Kolonialdienst in Westafrika lagen weiterhin im Dunkeln. Mehr Fragen als Antworten in dieser Phase der Suche.

Ist es möglich mehr als 100 Jahre nach dem Aufbruch eines Mannes in sein Forscherleben, nun im Jahre 2016, den Weg dieses Menschen nachzuzeichnen?

Was war er für ein Mensch? Wo kam er her? Wie war sein Werdegang?

Was waren möglicherweise Beweggründe für seine Berufsentscheidungen?

Welches Erbe hat er unserer Gesellschaft hinterlassen?

## 1.2 Seine Wurzeln

Am südlichsten Zipfel des Mains liegt das mittelalterlich geprägte Wein – und Handels – Städtchen Marktbreit. Die Geschichte des Ortes reicht bis in die Zeit der römischen Besetzung zurück. Die Reste eines Kastells auf der zum Ort gehörenden Anhöhe belegen dies. Landwirtschaft, auch der Weinbau und das Handwerk prägten zunächst diesen Ort. Die geografisch günstige Lage am Main und Breitbach beförderten aber auch den Handel und das Gewerbe. Es gibt einen Flusshafen. Ein Ladekran aus vergangener Zeit steht in Stein als Zeuge für die Bedeutung dieses fränkischen Marktfleckens. Und bald nunmehr 200 Jahre Stadtrechte. Schöne Renaissance Architektur, Kirchen und ein Stadtschloss belegen – zumindest phasenweise – einen sichtbaren Wohlstand.

## 1.3 Die Familien Ziegler in Marktbreit am Main

Den Familiennamen Ziegler gibt es im Ort Marktbreit und in Obernbreit schon vor 1565. Der 1787 im Nachbarort Obernbreit geborene Großvater JOHANN ZIEGLER betreibt in Marktbreit eine Weiß-Gerberei. 1845 errichtet er an der Ochsenfurter Straße 30 ein stattliches, mehrgeschossiges Wohnhaus aus Naturstein Quadern. Es steht noch immer da. Das den Familien Ziegler gehörende Gewerbegelände mit Betriebsgebäuden und Lohgruben zum Gerben der Häute in Eichenrinde erstreckt sich entlang des Breitbachs fast bis an die Einmündung in den Main.

Eine Verbindung der Familie mit dem Weinbau gibt es durch eigene Wingerte und durch die Großmutter DOROTHEA ZIEGLER, GEBORENE MEUSCHEL,[1] die einer erfolgreichen Winzer- und Weinhändlerfamilie aus Buchbrunn entstammt. August sagte an einer Stelle, er habe sich am liebsten in den Weinbergen und am Main aufgehalten. Aber die Ziegler sind Gerber.

---

1 Aus dem Stammbaum der Familie JOHANN WILHELM MEUSCHEL, Weinhändler in Kitzingen.

Abbildung 1.2:
August Ziegler fotografierte vor 1910 sein Elternhaus,
das Wohnhaus der Gerberfamilien Ziegler in Marktbreit – erbaut 1845 –
durch meinen Urgroßvater Johann Ziegler Gerbermeister, Gerbereibesitzer

(Familienarchiv Ziegler)

Johann Paulus Ziegler (1852–1902) übernimmt die Gerberei seines Vaters Johann. Er heiratet Lisette, geborene Friedlein (1856–1929) wiederum aus Obernbreit. Die Friedleins betreiben dort erfolgreich einen Erbhof.

Dieser Ehe entstammt August Otto Friedrich Ziegler. Als erstgeborener Sohn erblickt er am 22.10.1885 in Marktbreit das Licht der Welt. Seine Schwester Babette ist zu dieser Zeit schon zwei Jahre alt. Weitere Geschwister folgen: Margarethe im Dreikaiserjahr 1888, dann Carl 1890, Emilie 1894 und zuletzt 1897 mein Vater Otto Wilhelm Paulus Ziegler. Die Erziehung der Kinder ist sehr streng und evangelisch.

Der Vater der Kinder, der Gerbereibesitzer Johann Paulus verstarb im Alter von nur 50 Jahren – ein Unglück für die dauerhafte Fortführung der Gerberei.

Alle sechs Kinder – also auch die Mädchen – besuchen die Marktbreiter Handelschule bis zum Realschul-Abschluss. Eine bemerkenswerte Haltung der Mutter zur Erziehung ihrer sechs Kinder – in der Kaiserzeit außergewöhnlich. Lisette, die schon im Alter von 43 Jahren verwitwete, war die Schulbildung aller ihrer Kinder sehr wichtig. Daran hält sie auch fest als es richtig Geld kostete.

## 1.4 Der Sohn August Ziegler – Schule und Studium, Promotion

Der Sohn August Ziegler wird von seiner Familie, insbesondere von den Geschwistern und der Schwägerschaft als ein feinsinniger und gutherziger Mensch wahrgenommen und so beschrieben. So haben ihn später auch Zeitgenossen gesehen. In seinen Togo-Aufzeichnungen schreibt Hans Gruner (1865–1943), Arzt und Togo-Expeditionsteilnehmer 1893/94, dann kolonialer Bezirkschef der Station Misahöhe in Togo und später Zieglers Leidensgenosse als Gefangener folgendes: „ *... der gute Mensch in ihm zeigte sich gerade in der Gefangenschaft*

Abbildung 1.3:
Lisette, geborene Friedlein, aus Obernbreit,
Gattin des Gerbereibesitzers Johann Paulus Ziegler
(Familienarchiv Ziegler)

…"[2] Alle Beurteilungen und Zeugnisse bilden im Tenor einen vielseitig an der Natur interessierten Menschen ab, fleißig und gründlich, wissbegierig und tatkräftig. Später wird sein früher Tod deshalb von Familienangehörigen und Zeitgenossen seines Umfelds als ein sehr schmerzhafter Verlust empfunden werden. Es mag dahinstehen, ob der älteste Sohn nach dem Sinne seines Vaters hätte Gerber werden müssen. So gesehen war das Ende des Gerbereibetriebes für ihn von Vorteil.

---

2 Collektion Sebald: Aus der Korrespondenz zweier Togo Kolonialbeamter im Jahre 1937, Dustert an Gruner (Nachlass Gruner, Nr. 73, S. 159–166).

August hat den Schulbesuch in der *Königlichen Industrieschule in Nürnberg*[3] im Internat noch zwei Jahre fortgesetzt, um dort die Hochschulreife zu erwerben. Eine am technischen Aufbruch der Gründerjahre orientierte staatliche Schule von ungewöhnlichem Zuschnitt. Eine seltene, auch gegensätzliche Verzahnung von neuer Technik und sehr konservativen Ansätzen. Dies spiegelt sich in Unterrichtsthemen, die offensichtlich nicht selten patriotisch sind. Und dennoch gibt es auch Themen, die Weltblick haben.[4] Ich bin mir ziemlich sicher: Diese Schule hat den Charakter des jungen August Ziegler sehr geprägt. Auch seine spätere Entscheidung für den Kolonialdienst könnte schon hier beeinflusst worden sein.

Es folgt ein Studium der Landwirtschaft und Chemie von 1904 bis 1907, das er mit einem Examen als Diplom-Landwirt abschließt. Studienorte sind die *„Königlich Bayerische Akademie für Landwirtschaft und Brauereien"* in Weihenstephan[5] (Freising) und die *Technische Hochschule München.*

---

3 1823 gegründet als *Polytechnische Schule* Nürnberg, 1868–1907 *Königliche Industrieschule*, 1907–1919 *Königlich-Bayerisches Technikum*, seit 1971 *Technische Hochschule Nürnberg Georg Simon Ohm.*

4 Das Ende des 19. Jahrhunderts war von einer technischen Revolution mitgeprägt. Die Industrieschule Nürnberg vermittelte durchaus auf der Höhe der Zeit das aktuelle technische Wissen. Im Gegensatz dazu scheint aber eine konservative, von der Monarchie geprägte Geisteshaltung den Rahmenunterricht gestaltet zu haben. Betrachtet man die Ausatzthemen die der Schüler August Ziegler zu bearbeiten hatte, lässt sich erahnen mit welcher Ausrichtung diese Absolventen ins Leben entlassen wurden: Aufsatzthemen der Industrieschule Nürnberg:
Aufsatz 1901: Trotz mancher Übel der Gegenwart sollen wir des vielen Guten nicht vergessen, dessen sich die heutige Zeit auf fast allen Lebensgebieten erfreut! „Politisch und kulturgeschichtlich zu begründen"! Aus welchen Gründen trachtete das Deutsche Reich nach dem Erwerb von Kolonien?
Aufsatz 1902: Ein Held ist wer dem Großen sein Leben opfert, wer es für Nichts vergeudet ist ein Thor! In wie weit ist alle Kulturentwicklung auf die Einführung des Ackerbaus zurückzuführen? Aufsatz 1902/03: Thema des 1. Kurs der Chemisch-Technischen Abteilung: Weshalb müssen wir die ungleiche Verteilung der Güter als weise Anordnung der Vorsehung betrachten? Gereicht die Erblichkeit der Thronfolge einem Lande zum Nutzen oder zum Schaden?

5 1920 *Hochschule für Landwirtschaft und Brauerei*, 1930 Eingliederung in die *„Technische Hochschule München".*

Abbildung 1.4:
„Königlich Bayerische Akademie für Landwirtschaft
und Brauereien" Weihenstephan / Freising (gegründet 1895)
(Familienarchiv Ziegler)

Er schließt sich in München einer Schlagenden Verbindung an, die *Saxonia-Thuringa*. Welche Wirkung diese mutige Entscheidung auf seine Persönlichkeit hatte, ist nicht sicher einzuschätzen. So zu entscheiden, lag zumindest im Trend des im Patriotismus überschäumenden Deutschen Kaiserreichs in der Folge nach der Reichsgründung von 1871. Der Preußenkönig, inzwischen der deutsche Kaiser Wilhelm II., wetteiferte sowohl mit seinem englischen Vetter als auch mit Frankreich um den Erwerb von Kolonien – namentlich in Afrika – als der Kuchen schon verteilt war. Bismarck tat ein Übriges patriotische „deutsche" Strömungen zu entwickeln, ein Bewusstsein, das es Jahrzehnte zuvor so nicht gab. Dieser Geist mündete auch in die Studentischen Burschenschaften, ja erst recht in Schlagende Verbindungen ein. An August Ziegler gehen diese Strömungen offensichtlich nicht vorbei. Sonst hätte er sich während des Studiums nicht als Corps-Student eingeschrieben. Es fällt mir auf, dass er dies aber später an keiner Stelle mehr erwähnt. Nur seine „Schmisse" sind überdeutlich.

Seine vielseitigen pflanzentechnischen Interessen und Untersuchungen schon vor und während des Studiums, erst recht danach, offenbaren eine rege forschende Neugier in die Naturwissenschaften. August Ziegler hatte sich bei seiner Berufswahl für die Landwirtschaft entschieden. Wenn ich mir seine beruflichen Exkursionen während des Studiums und unmittelbar danach ansehe, glaube ich daraus ableiten zu dürfen, dass er innerhalb des weiten Fachgebietes Landwirtschaft sehr vielseitig interessiert war. Selbst die Tierheilkunde, als Zusatzstudium, schien er einen Augenblick in seinen Überlegungen nicht ausgeschlossen zu haben. Auch die Alternative, als Lehrkraft zu wirken, hat er sich 1910 mit dem Erwerb eines entsprechenden Diploms offen gehalten.

Aber dann kristallisiert sich das wissenschaftliche Interesse an der Forschung mit landwirtschaftlichen Nutzpflanzen heraus. Pflanzenzucht und Pflanzenselektion unter Anleitung von Dr. Fröhlich auf der *Domäne Friedrichswerth* geben Hinweise auf seine Interessenlage. Auch die Arbeit als Zuchtinspektor auf einem Hofgut Saatbau Tückelhausen verdeutlichen diese Interessen. Der Bogen ist weit gespannt von Hackfrüchten bis hin zu verschiedenen Getreidearten. Dabei sind ihm die Untersuchungen an Getreide, zum Beispiel an Gerste wichtig, speziell an der Braugerste.

Er befasst sich an der *Königlich Bayerischen Saatzuchtanstalt* in Weihenstephan auf Anregung und unter Förderung von Prof. Dr. Ludwig Kießling (1875–1942) mit morphologischen Untersuchungen der Gerste. 1911 wird August Ziegler zum *„Doktor der technischen Wissenschaften"* in der *Technischen Hochschule München* promoviert.[6] Seine

---

6 Die Technische Hochschule München hatte bereits seit 1901 Promotionsrecht, Weihenstephan erst seit 1924. Weihenstephan wurde 1930 in die TH integriert.

Abbildung 1.5:

Braugerste: Zweizeilige Gerste (Hordeum distichon, Familie: Poaceae),
längs der Spindel gibt es zwei Körnerreihen.

(Wikipedia, Peter Schill 2009),
https://de.wikipedia.org/wiki/Braugerste#/media/File:
Sommergerstenfeld_zur_Ernte.jpeg

Doktorarbeit mit dem Titel *„Untersuchungen über die Basalborste der zweizeiligen Gerste"* (82 Seiten, VII Tafeln) ist dort archiviert.[7] Gutachter waren Prof. Geh. Hofrat Dr. Karl Kraus (1851–1918) und Prof. Geh. Hofrat Dr. Franz Ritter von Soxhlet (1848–1926). Die mündliche Prüfung (Disputation) fand am 16.05.1911 statt.

---

7 Über den Verbleib der Doktorarbeit recherchierte Reiner Weber. Wolfram Ziegler hat sie im April 2016 in München gefunden. Gudrun Wolfschmidt hat sie 2017 von der TU München, TB Weihenstephan, beschafft (Signatur 1001/Diss.4 40) und in dieses Buch einbezogen.

Abbildung 1.6:
Dissertation von August Ziegler (1911):
Basalborsten-Typen der zweizeiligen Gerste (a-, c- und k-Typus)

Ziegler, August: *„Untersuchungen über die Basalborste der zweizeiligen Gerste"*
(München: R. Oldenbourg 1911), Titel, Tafel I–III. Dissertation.

**Abbildung 2.1:**

Togo, Westafrika

Foto: © August Ziegler (Familienarchiv Ziegler)
Alle eingefügten Fotos aus Togo sind von Dr. Ziegler aufgenommen worden.
Weit über hundert solcher Fotos gingen nach dem Tod
seiner Witwe Julie Ziegler 1953 leider verloren.

# Dr. August Ziegler in Togo, Westafrika

## 2.1 Deutsche Kolonie Togo, 1884 bis 1916

Sich nach Studium und Promotion für Aufgaben im Kolonialdienst zu entscheiden, ist ein echter Aufbruch. Es war für den 26 Jahre jungen August Ziegler eine sehr folgenreiche Weichenstellung. Da gibt es viele offene Fragen für mich, vieles nur spekulativ zu beantworten. Ob er sich über die sehr extremen Belastungen in den Tropen auch bewusst war? Konnte er sich über den aus europäischer Sicht eher flachen technischen Verständnisgrad fast nackter Afrikaner ein Bild machen? Dort in Westafrika gab es eine Sprachen- und Kulturvielfalt. Dialekte in den Stämmen. Welche nicht europäische „Kolonialsprache" herrschte vor? Deutsch war es wohl eher nicht. Damit lagen Schwierigkeiten bei der Umsetzung der Vorgaben des Kolonialamts auf der Hand. Konnte er ahnen welche Einflüsse von diesen verzwickten Verschiedenheiten, Kulturen, die Naturreligionen, dem Islam und dem Afrika Zauber durch die Macht der Medizinmänner ausgingen? Wie viel war davon von der Heimat aus zu erkennen? Wie vollständig konnte ein solches Bild sein? ... schließlich gab es keine neutralen Nachrichtenquellen zur voll umfänglichen Information. Nicht wie heute etwa über das Internet! Das Deutsche Kaiserreich warb natürlich für die Besiedlung seiner Kolonien mit geschönten Berichten aus nahe liegenden Gründen.

Worauf konnte Ziegler zumindest zurückgreifen um sich auf seine neue „Heimat" vorzubereiten?

Natürlich gehe ich davon aus, das Reichskolonialamt hat seine Beamten zuvor über die bis 1911 gewonnnen Erkenntnisse zu Togo voll umfänglich informiert und vorbereitet. Über diese Unterlagen verfüge ich aber nicht und eine genauere Recherche halte ich für das Ziel meiner Nachforschungen für entbehrlich. Bis zur Ausreise Dr. Zieglers 1911 haben die nachfolgend beispielsweise zitierten Beschreibungen des *Brockhaus* von 1895 wohl im wesentlichen, insbesondere zur Geografie, Bestand behalten. Natürlich gab es danach entscheidende Veränderungen.

Diese betrafen z. B. die Grenzen im Norden des Landes und vor allem neue, bzw. verbesserte Verkehrwege. Dazu gehörte der Bau der Eisenbahnen, z. B. von Lomé nach Palimé, Fertigstellung 1907.

Abbildung 2.2:
Lokomotive „*TOGO E. B.*" in Togo (Fa. Hentschel, Kassel, 1904)
Wikipedia

Von Bedeutung für Zieglers Arbeiten ist der Bau einer 3. Bahnlinie zwischen Lomé und Atakpamé. Auf etwa halber Strecke lag sein künftiges Aufgabengebiet, die spätere Landeskulturanstalt Nuatjä. Diese Hinterlandbahn endete aber vorerst nach 160 km beim Dorf Agbonu. Mit einer Stichbahn wurde der wichtige Ort Atakpamé erreicht – Fertigstellung 1911.

Das wusste ich aber am Anfang meiner Spurensuche natürlich auch nicht. Jetzt zum alten *Brockhaus* (1895), dessen Landkarte noch keine Bahnstrecken ausweisen kann:

*„Togoland-deutsches Schutzgebiet in Westafrika, an der Sklavenküste grenzt es im Westen bei Lomé an die Englische Goldküste, in Osten bei Klein-Popo an die franz. Kolonie Dahome und im Süden an den Meerbusen von Benin. Vorläufig bildet der 9°nördl. Breite die anerkannte Begrenzung im Norden. Um ihre Verschiebung landeinwärts mittels Vertragsabschlüssen mit einheimischen Häuptlingen wetteifern deutsche und französische Unternehmungen die von Dahome, mit englischen Unternehmen, die vom Niger ausgehen. Die Angabe des Flächeninhalts von 60.000 qkm kann noch nicht als eine endgültige angesehen werden. Über die Stärke der einheimischen Bevölkerung gibt es keine Aufzeichnungen. Die 36 km lange Küste besteht aus einer Sandfläche mit Dornengebüsch und vereinzelten Wäldern von Kokospalmen. Hinter diesem nehrungsartigen schmalen Strandgebiet dehnt sich ein großes Süßwasserhaff aus, der Togo- oder Avonsee. Daran schließt sich ein etwas höheres sanft gewelltes Binnenland an, das im Osten ziemlich wasserarm aus Savannenwald und Weidegrund besteht, im Westen dagegen aus humusreichen sehr fruchtbaren Boden. Das Opossogebirge, ein Sammelname für die einzelnen Bergketten von Agome, Aposso und Adeli zieht in einer mittleren Erhebung von 500 m vom Norden Dahomes nach dem unteren Volta und schließt mit nördlichen Steilabfall die Hochebenen des Nigerbogens vom Tiefland der Küste ab [. . .] Der Sio und der Haho, die Mitte des Landes als spärliche, doch dauernd fließende Gewässer durchschneidend ergießen sich*

**Abbildung 2.3:**
Ausschnitt eines Togo Kartenbildes aus dem Brockhaus von 1895.
Es fehlen noch die Bahnlinien.

Brockhaus (1895)

*in den Togosee. Das Klima ist wegen der hohen Feuchtig-
keitsgehaltes sehr erschlaffend und ist trotz der herrschen-
den Seewinde periodenweise recht ungesund. Heftige Mala-
riaepidemien treten fast regelmäßig auf [...] hauptsächlich
an der Küste, aber auch im höher gelegenen Binnenland.
Die Jahresmitteltemperatur beträgt an der Küste 26,5°. Die
Höhe der Regenzeit fällt in den April bis Juni und in den
September bis Ende Oktober. Die Vegetation strotzt in tro-
pischer Fülle. Es gedeihen Öl-, Kokos- und Fächerpalmen
Butterbäume und Tamarinden, Bananen und die Landolphia
Liane. Auf sorgfältig bebauten Feldern: Mais, Reis, Zucker-
rohr Erdnüsse und Tabak. Den Hauptausfuhrartikel bilden
die Kerne der Ölpalme. Große Kokosplantagen existieren in
Kpeme, Lomé, Bagida und Klein Popo."*

Von Interesse ist für mich dieser Lexikon Eintrag von 1895:
*„Versuche mit Baumwollpflanzungen missglückten."*
Interessanter Weise war es später eine Aufgabe meines Onkels – unter
anderen eine wohl administrative Anweisung – erneut den Baum-
wollanbau voranzutreiben! Hierzu sind die späteren Aussagen von
Dr. Peter Sebald über die Deutsche Kolonie Togo (1884 bis 1914) auf-
schlussreich.[1]
Im Brockhaus (1895) weiter zu lesen:

*„Der Anbau von europäischem Gemüse bewährt sich. Rind-
vieh wird überall gezüchtet. Schafe, Ziegen und Schweine
sind in großer Menge vorhanden. Die Bevölkerung aus Togo, Agotime und Mina spricht die Ewe Sprache.[2] Die Bevölkerung zeigt sich fleißig und geschickt im Ackerbau, in der
Weberei, in der Töpferei und im Handel. Die Haupthandel-
splätze sind Klein Popo, Porto Seguro, Bagida und Lomé.
Letzteres nimmt von Jahr zu Jahr an Bedeutung und Größe*

---

1 Sebald, Peter: Die Deutsche Kolonie Togo 1884–1914. Auswirkungen einer Fremdherrschaft (Berlin: Links 2013). Verfehlte administrative Agrarpolitik.
2 Die wichtige Handelsprache der Haussa wird nicht aufgezählt.

*zu.*

*Wichtige Orte für den Handelsverkehr nach dem Inneren sind im Westen Station Misahöhe, Kpandu und Kratje. Im Osten Koffi und Atakpamé [. . .] Um die Erforschungen machten sich hervorragend verdient: Henrici und Burgi (1887-1888), Dr. Wolf nordöstlich über das Opossum Gebirge bis Borgu (1888) von François über Salaga bis Gurunsi (1888), Kling und Büttner zwischen dem oberen Volta und Mono (1890-1892).*

*1894 bis 1895 erreichte Dr. Gruner über die westlichen Teile von Borongun und Gurma die Stadt Say am Niger und legte auch mit einem Teil der Expedition dieselbe Strecke bis zur Küste von Togo wieder zurück, während ein anderer Teil zu Schiff den Niger abwärts fuhr und so den letzten Rest des bisher unbekannten Nigerlaufs zwischen Wey und Gomba festlegte. Mit dem Oberhäuptling von Gurma und anderen Häuptlingen wurden Verträge geschlossen. Eine noch früher von Dahome ausgegangene französische Expedition unter Kapitän Deccoeur gelangte ebenfalls an den Niger wurde aber von Gruner um wenige Tage überholt ...“*

Soweit das Lexikon.

Was mag August Ziegler also bewogen haben gerade nach Afrika zu gehen? War es die Abenteuerlust eines Säbel schwingenden Corps Studenten? Wollte mein Onkel dem Zeitgeist folgend *„etwas für sein Vaterland leisten“*? Möglicherweise von allem etwas. Es bleiben Mutmaßungen. Hierzu noch mal Dr. Sebald (2013):

*„Die autokratische Regierung Bismarck hatte 1884 ihre Kolonialpolitik ohne parlamentarische Zustimmung begonnen. Unterstützt von Kolonialapologeten hatte sie propagandistisch die Notwendigkeit und den Nutzen von Kolonien für Volk und Vaterland hervorgehoben.“*

Nahe liegend ist wohl zuerst des Onkels deutliche forschende Neugierde, der Wunsch zur Begegnung mit anderen Völkern und einer anderen exotischen Pflanzenwelt. Ein Aufbruch, um eine neue Welt zu erfahren und wenn möglich mit zu gestalten. Für Weiße wie „Neger" müssen diese Begegnungen wohl ein Kulturschock gewesen sein.

## 2.2 Saatgutzüchtung in Togo – Landeskulturanstalt NUATJÄ

Zu Beginn meiner Nachforschungen beschränkte sich mein Wissen um Zieglers Aufgaben in Togo lediglich auf einen Versuchsanbau verschiedener Pflanzungen, in Sonderheit dem Anbau von Sisal – einer festen Faser als Ausgangsprodukt zur industriellen Herstellung von beispielsweise Seilen, Textilgeweben. Wo dies alles stattfand, wusste ich noch nicht.

Der Zufall half weiter. Ein Schulaufsatz: *„Die Entwicklung TOGOs im Jahre 1913"* Hier wird im Internet[3] die Errichtung einer Landeskulturanstalt *„Nuatjä"* erwähnt:

> *„Die frühere Ackerbauschule bei Nuatja wurde im Verfolg des Aufgebens der Siedlungen umgestaltet zur Landeskulturanstalt als Musterbetrieb für die im Lande angebauten Früchte [. . .]"*
>
> *„[. . .] als besondere Aufgabe wurde ihr übertragen: Saatgutzüchtung und Saatvermehrung von Baumwolle und Mais zur Lieferung guter Saat an die Eingeborenen, die Anlernung der zur Arbeit eingesetzten Eingeborenen zu geregelter Arbeit und zu sachgemäßem Feldbau sowie die Ausführung von Rentabilitätsberechnungen für einzelne Kulturen."*

Soweit dieses Zitat.

Saatgutzüchtung! Ein Spezialgebiet meines Onkels! Das war ein Stichwort für mich und ich begann in dieser Richtung zu recherchieren. Der zeitliche Zusammenhang mit seinem Aufenthalt in Togo und seine spezifische Vorbildung brachte mich bald zwingend zu diesem Schluss:

---

3 Recherche von Wolfram Ziegler.

Abbildung 2.4:
Dieses Foto zeigt Dr. Ziegler in einer Gruppe deutscher Funktionsträger
mit Begleiterinnen. Die Aufnahme ist undatiert und
entstand offensichtlich an Bord eines Schiffes

(Familienarchiv Ziegler)

Dieses neue Projekt muss mit den Aufgaben von Dr. August Ziegler im Zusammenhang stehen.

Später traf ich auf Publikationen des Togo Experten Dr. Peter Sebald (Sebald 1988, 2013). Er war über meine Anfrage sehr erfreut und versprach Hilfestellung. Er verwies auf seine Materialien den Afrikaforscher Dr. Hans Gruner betreffend, der ja bezeichnender Weise schon im *Brockhaus* von 1895 erwähnt wird.

Er zitierte eine Notiz im Gruner Nachlass[4] und bestätigte mir damit erstmals eindeutig was bisher nur Vermutung war. Leider versiegte diese mir wichtige Quelle und blieb aus nicht erklärlichen Gründen in der Folge stumm.

Letzte Gewissheit brachte erst im Mai 2016 die Einsichtnahme in die archivierten Verfügungen des Reichskolonialamts in seiner Personalakte in München. Mein Onkel war tatsächlich Leiter dieser Pflanzenzucht Einrichtungen von 1911 bis zu seiner Kriegsgefangenschaft 1914. Neben dieser Landeskulturanstalt Nuatjä waren meinem Onkel bald weitere Funktionen übertragen. Er hatte die Aufgaben eines Bezirks-Landwirtschafts-Meisters in Palimé wahrzunehmen und sollte die Palmölproduktion Tabiligbo fachlich verantworten.

Was wartete auf Ziegler nun 1911 in Togo tatsächlich?

Nachdem der Regierungssitz von Sebe nach Lomé verlegt wurde und diese Stadt 1907 durch einen weit in die flache See auskragenden Schiffsanleger von der Küste gut zu erreichen war, entwickelte sich Lomé ständig. Der Kaiserliche Kommissar Eugen Ritter von Zimmerer (1843 –1918) – übrigens ein Bayer – hat sehr früh entscheidend auf die Stadtentwicklung Einfluss genommen und den Verlauf des Straßennetzes festgelegt.

Peter Sebald führt dazu aus:

> *„dass westlich der Landungsbrücke an der 1,2 km langen Wilhelmstrasse von der Landungsbrücke bis zum Gouverneurspalast die Verwaltungsgebäude [...] lagen, umgeben von einem Dutzend zweigeschossiger Beamtenwohnhäuser für jeweils 4 Beamte."*

---

4 Collektion Sebald: Korrespondenz zweier Togo Kolonialbeamter im Jahre 1937, Dustert an Gruner (Nachlass Gruner, Nr. 73, S. 159–166): *„Togoneuigkeiten, dass Dr. Ziegler aus Togo [...] zuletzt Regierungs- und Ökonomierat in Würzburg im Mai dieses Jahres (tatsächlich aber am 3. März 1937, Anm. W.Z.) verstorben ist. Schade um unseren Soldat August, wie wir ihn alle wegen seines liebenswerten und einfachen Wesens nannten. Und besonders in der Gefangenschaft, wo sich der liebe Mensch in ihm zeigte."*

Abbildung 2.5:

Markt, eventuell in oder bei Atakpamé

Foto: August Ziegler (Familienarchiv Ziegler)

In einer persönlichen Korrespondenz bestätigte er mir, mein Onkel habe ein solches Beamtenhaus bewohnt. Leider konnte ich von diesem Togo Historiker nicht mehr erfahren, wie mein Onkel von Lomé aus auf seine Wirkungsstätte NUATJÄ einwirken konnte. Es gibt ja inzwischen die Hinterlandbahn, an deren Strecke die Versuchsfelder liegen. Weil aus meiner Sicht aber seine ständige Anwesenheit dort nötig gewesen sein dürfte, gehe ich von einer Zweitwohnung an diesem Platz aus.

Der Schwerpunkt seiner Aufgaben war die Bewirtschaftung der neu veranlassten Landeskulturanstalt NUATJÄ. Das vor Zieglers Zeit bestehende Projekt der „Ackerbauschule" mit einer angegliederten Siedlung für die afrikanischen „Schüler" war gescheitert. Das *Kolonial Wirtschaftliche Komitee – KWK –* vertrat die koloniale These, dass der Afrikaner zur Arbeit erzogen werden müsse.

Das konnte nicht gut gehen, denn diese „Neger" waren keine Dummköpfe, auch wenn sie so gut wie nackt umherliefen. Es waren native Menschen, die durchaus mit Erfolg ihre Landwirtschaft im kleinbäuerlichen Bereich samt ihren Familien betrieben und ihre Produkte selbst vermarkteten, also damit handelten.

Dr. Peter Sebald[5]

> *„Der Versuch, industrialisierte Landwirtschaft nach Wünschen der Kolonialherren im Hauruck zu verordnen, musste scheitern. Übrigens gingen beim Mais wie bei der Baumwolle die Deutschen in Togo davon aus, ausländische Sorten müssten qualitativ besser und ertragreicher sein als der bisher in Togo angebaute weiße, kleinkörnige Mais. Erst verarbeitende deutsche Betriebe wiesen daraufhin, dass der Togomais hervorragend zur Erzeugung von Stärke geeignet sei – aber da war es schon zu spät."*

… geißelt Sebald damit diese Agrarpolitik.

Insoweit befand sich Ziegler bei seinem Dienstantritt in keiner komfortablen Situation. Er hatte den von der Administration wegen des angestrebten Exports vorgeschriebenen Baumwollanbau zu fördern. Und er sollte auch die Wünsche des Kalisyndikats erfüllen, die wohl an ihrem Düngemittelverkauf interessiert waren.

Zudem musste er sich wohl bei allen seinen neuen Versuchen auf viele afrikanische „Pflichtarbeiter" verlassen, die aus dem klimatisch anderen Norden Togos gegen ihren Willen und zu sehr geringer Entlohnung arbeiten mussten.

Vergleichbare Arbeit soll in der benachbarten englischen Kolonie Goldküste laut Dr. Sebald[6] zur selben Zeit bis zu dreimal besser be-

---

5 Sebald, Peter: „Die deutsche Kolonie Togo 1884–1914." (Berlin 2013).
6 Sebald, Peter: „Die deutsche Kolonie Togo 1884–1914." (Berlin 2013).

Abbildung 2.6:

Feldarbeit auf der Landeskulturanstalt NUATJÄ

Foto: August Ziegler (Familienarchiv Ziegler)

zahlt worden sein „... *dabei hat allein die Landwirtschaft dieser afrika-nischen Bauern vor und während der Kolonialzeit die Ernährung aller Einwohner gesichert – von Hungersnöten hat man nie etwas erfahren ...*“

Ziegler ist Wissenschaftler. Es ist nahe liegend, dass er die Sack-gasse der bis dahin politisch gesteuerten „Farmwirtschaft“ erkannte. Auf seinen Fotos ist zu erkennen, dass er neben Mais auch Felder mit Süß-Kartoffeln und mit der Sisal Agave bestellte. Er versuchte so einerseits für den Inlandsmarkt Kulturen zu erproben und Erträ-

Abbildung 2.7:
August Ziegler auf dem Gelände der ehemaligen Ackerbauschule
(Familienarchiv Ziegler)

ge zu steigern. Aber auch mit Sisalhanf dem Export, d. h. dem Wohl des „Mutterlandes" zu nützen. Es wäre aufschlussreich, seine Berichte an das Kolonialamt zu lesen, welcher Erfolg seinen Anstrengungen dennoch beschieden war. Die ihm verbliebene Zeit von Ende 1911 bis zur Besetzung Togos durch Alliierte im August 1914 dürfte für eine Korrektur administrativer Fehler kaum ausgereicht haben. Züchtungserfolge brauchen Zeit – Pflanzen wachsen nicht auf Befehl!

Die zur Anstalt gehörige Landfläche wurde durch Kauf um 100 ha vergrößert. Der feldmäßige Anbau ergab bei Baumwolle einen Durchschnitts-Hektar-Ertrag von 484 kg. Außerdem wurden Mais, Sorghum-hirse, Süßkartoffeln, Bohnen in feldmäßiger Kultur angebaut. Die Ergebnisse dieser exakten Feldversuche ergaben vielfach wertvolle und interessante Zahlen. Mit der Maiszüchtung wurde begonnen. Das Zuchtziel ist ein Mais mit ausgeglichenem Kolben, hoher Ertragsfähigkeit, rein weißer Farbe unter Ausmerzung der farbigen Körner.

Zudem waren ihm immer neue Aufgaben zusätzlich übertragen worden. Es ist unwahrscheinlich, dass bei dem herrschendem Tropenklima und den schwierigen Verkehrswegen die weit auseinander liegenden Objekte durch ihn allein nachhaltig betreut werden konnten. Nuatjä, liegt in der Mitte, Palime ganz im Westen und in Tabiligbo im Südosten des Landes. Dies ist schon deshalb zu hinterfragen, weil eine Heranbildung von Afrikanern zur fachlichen Assistenz in Leitungsfunktionen von Seiten des Reichs verboten war. Ob die deutsche Agrarpolitik in Togo so verfehlt war wie Dr. Sebald dies schildert, könnte nur verglichen werden, wenn Berichte an das Reichkolonialamt – wie erwähnt – ausgewertet würden. Zieglers Baumwolle Versuchs-Felder waren jung und Pflanzen wachsen langsam. Die Weichen waren bereits vor Zieglers Zeit gestellt worden. Eine genaue Recherche sollte Historikern vorbehalten bleiben.

Das Attribut „Musterkolonie Togo" mag insoweit gelten, als das Reich im Vergleich mit seinen anderen Kolonien keine finanziellen Verluste erlitt, sondern tatsächlich Überschüsse erzielte. Aber man betrachte bitte die Entlohnung der Pflichtarbeiter … Wert etwa 25 Reichspfennige pro Tag …![7]

Eine Besonderheit in Togo, ein „Muster" in dieser deutschen Afrika Kolonie ist technischer Natur: Es sind die im Dezember 1913 geglückten Funksprüche zwischen Kamina, Togo, und Nauen im deutschen Havelland (vgl. Funkstation Kamina, Abb. 2.9)!

Wirklich mustergültig ist nämlich die von der *Deutschen Telefunken Gesellschaft* in Kamina bei Atakpamé errichtete transatlantische / transkontinentale Funkstation zur direkten Funktelegrafie zwischen

---

7 Sebald: Die deutsche Kolonie Togo 1884–1914 (Berlin 2013).

Abbildung 2.8:
Kaiserliche Landeskulturanstalt Nuatjä (seit 1912)
(vorher Baumwollschule und allgemeine „Ackerbauschule", 1902)
(Familienarchiv Ziegler)

Togo und Nauen sowie den übrigen deutschen Kolonien und deutschen Seeschiffen.

Das passte gut in das deutsche kaiserliche Marinekonzept. Eine technische Bestleistung in dieser Zeit zwischen 1911 und 1914. Diese tolle Funkstation überlebte ihre Fertigstellung aber nur etwa einen Monat und wurde im August 1914 durch Deutsche selbst zerstört. Die eindringenden Alliierten sollten daraus keinen Nutzen ziehen können. Um diese Station Kamina gab es am 26. August 1914 ein Gefecht zwischen Engländern und Deutschen, bzw. deren Kolonialtruppen.

Abbildung 2.9:

Funkstation für drahtlose Telegrafie, Kamina bei Atakpamé, Togo

(Wikipedia), vgl. Esau, Abraham: Die Großstation Kamina und der Beginn des
Weltkrieges. In: Telefunken-Zeitung III (Juli 1919), Nr. 16, S. 31–36.

## 2.3 Das Ende des Ackerbauversuchs und der Pflanzenforschung in den Tropen

Das „Schutzgebiet TOGO" wurde 1914 nur von einer etwa 200 Mann
starken Polizeitruppe geschützt (eine andere Quelle nennt 2 Offiziere,
6 Polizeimeister, afrikanische Unteroffiziere mit 560 Afrikasöldnern
verteilt auf Posten im Lande)[8] So nimmt es kein Wunder, dass diese
Kolonie sofort nach Ausbruch des Ersten Weltkrieges von französischen und englischen Kolonialtruppen erobert wurde. Eine deutsche

---

8 Sprigade & Moisel: Deutscher Kolonialatlas mit Illustriertem Jahrbuch (Berlin
    1908).

Abbildung 2.10:

Afrikaner, vermutlich Einwohner aus Nuatjä

Foto: August Ziegler (Familienarchiv Ziegler)

Neutralitätserklärung für Togo wurde von den Alliierten nicht akzeptiert. Die Kapitulation erfolgte schon am 26. August 1914. Togo war somit der erste territoriale Verlust des Kaiserreichs. Aus dem jungen Pflanzenforscher und „landwirtschaftlichen Sachverständigen" Dr. Ziegler wurde kurzerhand ein „kaiserlicher Landsturmmann im Schutzgebiet", „*Soldat August*".[9] Verbürgt ist „*The Battle Of Kamina*" als ein Scharmützel mit alliierten Kolonialtruppen, das am 26. August mit bedingungsloser Kapitulation durch Major Hans Georg von Döring (1866–1921) gegenüber Colonel Maraix und Gefangennahme von etwa 260 Deutschen endete.[10] Darunter mein Onkel Soldat August 28 Jahre jung ... Damit ist er ein englischer, dann ein französischer Kriegsgefangener. Doch wo? Ob noch in Togo oder in der französischen Kolonie Dahomey, vermutlich ab 1915 bis (?) in einem Lager (?) in Südfrankreich? Das waren 2011 noch offene Fragen, nicht gelöst. Es gelang mir zuverlässig erst 2016.

Er äußert sich leider bei seinen Bewerbungen im Lebenslauf konkret nur zur Dauer der Kriegsgefangenschaft, nicht aber zu den Orten und Ereignissen. Dies aufzuspüren stellte ein Hindernis dar. Hinweise auf Südfrankreich waren zu vage um dort zu suchen. Während des Krieges existierten in Frankreich über 800 Gefangenenlager! Fingerzeige auf die östliche französische Nachbarkolonie Dahomey, das heutige Benin, waren in Bezug auf Ziegler nicht konkret genug. Auch Internet-Auswertungen von allgemeiner Gefangenpost half mir nicht weiter. Genau so wenig eine Suche über die Schweiz, die damals neutrale Funktionen zwischen den Feindnationen im Ersten Weltkrieg leistete.

## 2.4 Kriegsgefangenschaft in Afrika und Frankreich

Bei erneuter Auswertung der Ereignisse um die transkontinentale Funkstation Kamina in Togo fand ich den in einer Werkszeitung der

---

9 Collektion Sebald: Aus der Korrespondenz zweier Togo Kolonialbeamter im Jahre 1937, Dustert an Gruner (Nachlass Gruner, Nr. 73, S. 159–166).

10 Diese Angaben entstammen einem militärhistorischen Forum im Internet.

Firma *Telefunken* abgedruckten Bericht des deutschen Funk-Ingenieurs Carl W. H. Doetsch[11] Er gehörte zu den entsandten Fachkräften die, wie Ziegler, bei den Ereignissen um die Radiostation Kamina gefangen wurden.

Abbildung 2.11:
Lager in Dahomey, Westafrika
Bericht und Foto: Carl Doetsch (1920)

Es ist das Verdienst des Herrn Doetsch, den gesamten Leidensweg der „Gefangenen von Dahomey" ausführlich so genau nachgezeichnet zu haben. Zusammengefasst einige wichtige Aussagen seines Berichts:

Bezeichnend, die ebenfalls internierten Frauen lehnten es ab, freigelassen zu werden, denn eine Rückkehr nach Deutschland war Ihnen nicht zugesichert worden. Der Weg führte innerhalb der Kolonie von Dahomey über Cotonou, Abomay mehrere hundert Kilometer bei tropischen Klima zu Fuß ins das Lager Gaya in Richtung Norden bis zum

---

11 Doetsch, Carl W. H.: „Schicksal der Gefangenen von Dahomey 1914 bis 1919", jetzt unter dem Titel „Kamina und die Togogefangenen, Erlebnisbericht einiger Internierter" zu finden (1920).

Niger Fluss. Das Wüstenlager Gaya war ein Dornenkral mit Lehmhütten. Ein Marsch ohne ausreichende Tropenkleidung. Bei vielen spottete die Fußbekleidung jeder Beschreibung. Ohne Moskitonetze, ohne ausreichende Decken. Die Nächte im Sudan sind sehr kalt, ein Lagern nur auf Flechtmatten der Afrikaner! Und ohne eine medikamentöse Versorgung. Dafür bewacht von senegalesischen Söldnern.

*„Es war die sprichwörtliche Hölle [...] dorthin wo Dysenterie und Fieber zu hause sind [...] die perfekte Demütigung."* So berichtete Carl Doetsch.

Nach fast acht Monaten, am 17. April 1915 erfolgt die Rückführung aus der Wüste über Cotonou dem Hauptort an der Küste von Dahomey, dann per Dampfer nach Casablanca, Marokko. Nach fünf Wochen Schiffsreise Ankunft am 22. Mai 1915 in Marseille.[12] Es erwartet die Gefangenen ein erbärmliches Militärgefängnis in der Festung St. Niclas auch z. T. in Pontons auf dem Wasser. Dauer bis zum 16. Juni 1915.

Darauf die Verlegung in das berüchtigte Lager Uze's in Südfrankreich. Nur wenige Kranke erlangten von dort aus eine Internierung in die Schweiz durch den so genannten „Berner Vertrag".

Kriegsgefangenschaft in der Bretagne, der Stacheldraht bleibt: Endlich, zwischen dem 16. Juni und dem 4. Juli 1915 verbrachte man die Gefangenen nach der Ile de Longue, einem Militär-Gefangenenlager auf einer Halbinsel bei Brest in der Bretagne. Die spätere Überleitung der militärischen Lagerleitung auf die französische Zivilverwaltung ermöglichte eine humanere Gefangenschaft – aber der Stacheldraht blieb noch drei Jahre ... Es gibt aber inzwischen viele auch positive Geschichten zu diesem Lager und auch über das kulturellen Lagerleben im Internet nachzulesen.

Obwohl der Krieg im November 1918 endete, blieben die Menschen auf „der Ile" m. E. widerrechtlich ein weiteres Jahr als Zivilgefangene in Haft! Doch wie war zu beweisen, dass dies alles auch das Schicksal meines Onkels, des Togo Pflanzenzüchters Dr. Ziegler gewesen war? Nun, der Beweis ist mir gelungen. Die gelistete Lagerkartei der Ge-

---

12 Doetsch, Carl W. H.: „Schicksal der Gefangenen von Dahomey" (1920).

Abbildung 2.12:
Lager in Dahomey, Westafrika
Grafik: Carl Doetsch (1920)

fangenen habe ich aufgespürt. Eindeutiger Eintrag: August Friedrich Otto Ziegler, geboren am 22. Oktober 1885 in Marktbreit war bis 2 Tage vor seinem 34. Geburtstag unfreiwillig „Gast" der Franzosen in Longue, er wurde entlassen am 20. Oktober 1919.

Abbildung 3.1:
Hochzeit von August Ziegler mit Julie Maria Katharina, geb. Trenkle
(Familienarchiv Ziegler)

# Ökonomierat Ziegler – Beruflicher Neustart in der fränkischen Heimat

## 3.1 Rebenzüchtung in Bayern

Gesicherte Daten über Werdegang und Schaffen des Ökonomierats Ziegler gibt es ab 1921. Ausweislich der Archivarbeit ergeben sich sehr interessante Vorbeschäftigungen von 1907 bis 1909 und eine weitere Diplomierung als landwirtschaftliche Lehrkraft 1910, nachzulesen im Lebenslauf und in der Tabelle.

Meine Quellen waren zunächst nur u. a. das Weinbaulexikon 1930 (K. Müller), die gemeinsamen Berichte von Dr. Ziegler mit Peter Morio über die Rebenzüchtung in Bayern und seine Publikationen von 1923, 1924 und 1927–1930 sowie der „Landwirtschaftliche Jahresbericht für Bayern" 1923, 1924 und 1931 mit seinen Beiträgen. Leider sind diese mir noch nicht zugänglich.

Nach langer Gefangenschaft wird die Rückkehr von Dr. August Ziegler in sein Zivilleben durch seine Eheschließung mit Julie Maria Katharina Trenkle (1882–1953) erleichtert.

Er heiratet die Tochter eines Zigarrenfabrikanten. Er lebt in München und heiratet dort im April 1920. Mein Vater Otto Ziegler, sein jüngster Bruder, ist als Trauzeuge in der Heiratsurkunde genannt. Wie schon erwähnt, nach dem Ende seiner Kriegsgefangenschaft bewirbt er sich um eine Wiederverwendung in Bayerischen Diensten beim Innenministerium, wie er es an anderer Stelle ausdrückt *„weil das Kolonialamt wohl nichts für ihn tut ... und er will nicht herum sitzen und* *abwarten …"* und erwähnt dabei eine Tätigkeit bei der Bayerischen Gerstenbaustelle. Es ist eine vorläufige Arbeit in Weihenstephan. Diese Tätigkeit könnte er jederzeit aufgeben. Das Ministerium hat ihm daraufhin wegen seiner Lehrbefähigung einen Schulunterricht an der landwirtschaftlichen *Winterschule Wolfratshausen* zugewiesen als Honorarkraft für das Schulhalbjahr 1920/21.

## 3.2 Dr. Ziegler als Leiter der Bayerischen Hauptstelle für Rebenzüchtung

Um August Zieglers Bedeutung für das damalige „Bayern" (einschließlich der Pfalz) und seine Landwirtschaft richtig einzuschätzen, sollte man den Versuch machen und sich in die Zeit des Kaiserreichs zurückversetzen, eine Zeit vor mehr als 130 Jahren, als Ziegler geboren wurde – und in die Zeit der zwanziger und dreißiger Jahre des vergangenen Jahrhunderts. Es die Zeit nach dem verlorenen Ersten Weltkrieg mit Hungersnöten, Arbeitslosigkeit und Geldentwertung. Der Weinbau litt damals in ganz Europa sehr unter eingeschleppten Rebenkrankheiten, speziell aber in Zieglers fränkischer Heimat. Der Weinbau ist ein wichtiger Teil der Landwirtschaft und hat sowohl in Unterfranken wie in der damals (bis 1945) zu Bayern gehörigen Pfalz oft existenzielle Bedeutung.

Lesen wir das, was Hans Herr, der Kellereiverwalter der Hauptstelle in Veitshöchheim, ein Kollege von August Ziegler dazu in seinem Beitrag in der Illustrierten *Das Bayernland* **34** (1924) unter anderem schreibt:

> *„Mit der rasch zunehmenden Bevölkerung in unserer Heimat im 19. Jahrhundert, mit der Einschleppung von bis dahin unbekannten pilzlichen und tierischen Rebschädlingen, also Peronospara und der Reblaus, nicht minder durch die nach dem 70er Krieg einsetzende neue Epoche Deutschlands die Umgestaltung vom bisherigen Agrarstaat zum Industriestaat ging der fränkische Weinbau immer mehr zurück. Die einsetzende Landflucht, Mangel an Arbeitskräften als Folge der*

> *im Weinbau als dem intensivsten und mühevollsten landwirt-*
> *schaftlichen Nebenzweig mit überwiegender Handarbeit war*
> *doppelt problematisch. Besonders betroffen war das Iphöfer*
> *Seuchengebiet. Den Weinbauern brachen ihre Einnahme-*
> *quellen weg. Die großen Eichenfässer blieben leer – auch im*
> *Würzburger Juliushospital!"*

Im Februar 1921 erfolgt die Einstellung von Dr. August Ziegler durch das Land Bayern als *Leiter der Bayerischen Hauptstelle für Rebenzüchtung* mit Sitz in Würzburg, Rebenzuchtanlagen in Veitshöchheim und Neustadt an der Haardt (ab 1936 Neustadt an der Weinstraße). In dieser Funktion ist Dr. Ziegler damit Berater in allen die Rebenzucht betreffenden Fragen in Bayern.

Züchtungsarbeiten werden ihm sowohl in Franken wie in der Pfalz übertragen, also in allen bayerischen Weinbaugebieten. Er verlegt, im Einvernehmen mit dem Bayerischen Landesinspektor Dr. Dern, 1921 die Hauptstelle von Neustadt nach Würzburg und überträgt Ökonomierat Peter Morio die Fachaufgaben in Neustadt. Beide arbeiten gut zusammen und veröffentlichen gemeinsam ihr Fachwissen in den Folgejahren. Diese Entscheidung erscheint geschickt, denn die Pfälzer waren sicher nicht begeistert, dass ihre Hauptstelle nun endgültig nach Franken abwanderte. Aber die Anbindung an die Universität Würzburg hatte Vorteile für die Forschung.

Dr. Ziegler, dem zuvor gänzlich andere pflanzentechnische Ziele und Züchtungen in den Tropen anvertraut waren, entwickelte nun sehr dynamisch und aufgrund seines breiten biotechnischen Allgemeinwissens und seiner Samenauslese-Erfahrungen herausragende Züchtungserfolge an Weinstöcken. Schlüssel seiner Erfolge in den folgenden 16 Jahren ist seine Experimentierfreude, die er aber auf ein streng systematisches, wissenschaftliches Fundament stellte.

Sein Ziel ist es, *ertragssichere Weinreben* zu gewinnen, die sich bei unterschiedlichen Klimabedingungen der Anbaugebiete Unterfranken, Pfalz und Spessart und deren verschiedenen Bodenarten wie dem Keuper, dem Muschelkalk, dem Löß oder Buntsandstein anpassen können. Die *Widerstandsfähigkeit gegenüber Reblaus* und anderen Re-

Abbildung 3.2:
Wirkungsstätte Zieglers – Bayerische Landesanstalt für Weinbau und
Gartenbau (LWG), Würzburg-Veitshöchheim
© LWG Würzburg-Veitshöchheim

benkrankheiten spielt eine zentrale Rolle. Die Fränkischen und Pfälzer
Wingerte sind unrentabel – häufig mit minderwertigen und anfälligen
Pflanzen bestockt.

Dr. August Ziegler dazu wörtlich:

*„Jeder Winzer kann durch eigenen Fleiß und entsprechende
Auslese (Selektion) seinen Rebensatz verbessern. Es sind die
guten und die schlechten Rebstöcke eine Reihe von Jahren
hindurch zu beobachten und zu kennzeichnen. In der Praxis
soll hierzu das bayerische Zuchtbuch verwendet werden, in
das jeder Stock genau nach Stand und Zeile eingetragen und*

*bewertet wird."*

*„Die dauernd schlechten oder unfruchtbaren Stöcke sind durch gute Träger zu ersetzen. Von den selektionierten Rebstöcken kommen in Franken vorwiegend Sylvaner und in besten Lagen Riesling infrage [. . .] Der Winzer kann sich den Luxus unfruchtbarer Träger in seinen Weinbergen nicht mehr erlauben. Diese Stöcke erfordern die gleiche Arbeit, Düngung und Pflege wie die fruchtbaren Stöcke."*

Jetzt kommt es darauf an, die Winzer mit gesundem Pflanzgut zu versorgen. Ziegler fördert deshalb die Einrichtung von *Rebenschnittstellen, bzw. Rebenzuchtstellen.*

*„Um auch den Winzern, die sich mit der Selektion nicht befassen, Gelegenheit zum Bezug von hochwertigem und sortenreinen Setzholz zu geben und der weiteren Verschleppung der Reblaus durch Setzreben vorzubeugen, wurden [. . .] Rebenzuchtstellen eingerichtet [. . .] Unter Anleitung und dauernder Beratung durch die staatliche Hauptstelle für Rebenzüchtung erfolgt die Anlage dieser Zuchtstellen. Und durch Individualauslese und Stammbaumzüchtung. Die besten Rebstöcke hinsichtlich Ertrag und Wuchs werden durch Augenstecklinge oder Stupfer vermehrt und als Stämme in einem Zuchtweinberg gepflanzt und einer eingehenden Beobachtung und Prüfung unterzogen [. . .]"*

*„Vegetative Züchtung / Klonen."* Soweit Dr. Zieglers Bericht.

Die Vermehrung selektierten Rebenmaterials war schon 1913 durch Dr. Detzel mit der Prüfung einzelner Stöcke in Neustadt an der Haardt ausgeführt worden. Dr. Detzel war insoweit auch in der Züchtung ein Vorgänger Zieglers. Leider endete dessen Arbeit abrupt durch den Ersten Weltkrieg. Er verlor sein Leben in den berüchtigten Ypernschlachten 1915. Dr. Ziegler war es dann vorbehalten der Züchtung mit Klonen zu weiterem Erfolgen zu verhelfen.

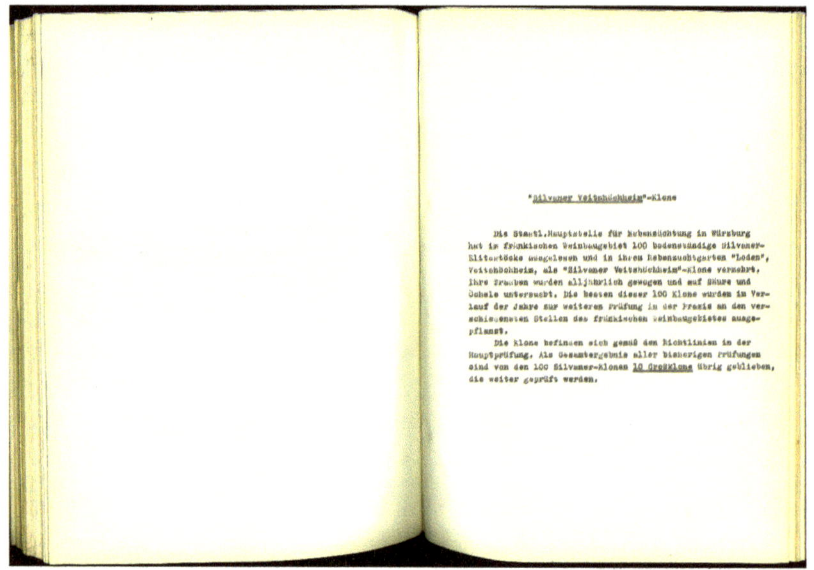

### "Silvaner Veitshöchheim"-Klone

Die Staatl.Hauptstelle für Rebenzüchtung in Würzburg
hat im fränkischen Weinbaugebiet 100 bodenständige Silvaner-
Elitestöcke ausgelesen und in ihrem Rebenzuchtgarten "Loden",
Veitshöchheim, als "Silvaner Veitshöchheim"-Klone vermehrt.
Ihre Trauben wurden alljährlich gewogen und auf Säure und
Öchsle untersucht. Die besten dieser 100 Klone wurden im Verlauf der Jahre zur weiteren Prüfung in der Praxis an den ver-
schiedensten Stellen des fränkischen Weinbaugebietes ausge-
pflanzt.

Die Klone befinden sich gemäß den Richtlinien in der
Hauptprüfung. Als Gesamtergebnis aller bisherigen Prüfungen
sind von den 100 Silvaner-Klonen 10 Großklone übrig geblieben,
die weiter geprüft werden.

**Abbildung 3.3:**
Zieglers Zuchtbuch von 1921 bis 1937
(Ausschnitt: „Silvaner-Veitshöchheim"-Klone)
Foto: © LWG

Frau Dr. Irmgard Benda[1] berichtet hierzu:

> *„Ziegler baute diese Prüfungen weiter aus. Nach Prüfungen in den staatlichen Rebenzuchtgärten wurden die einzelnen Klone in groß angelegte Anbauversuche in Winzerbetrieben übergeführt. Die daraus erzielten Versuchsergebnisse sollten eine Aussage über das Verhalten der Zuchtstämme auf verschiedenen Böden und unter verschiedenen Klimabedingungen ermöglichen.*
> *Die größte Prüfanlage mit insgesamt 300 Klonen, so mit Riesling Material verschiedener Herkunft stand auf einer Fläche des Bürgerhospital Weinguts in der Lage >Würzburger Stein<.“*

Ein weiterer Erfolg ist der durch ihn eingerichtete *phänologische Beobachtungsdienst*, ein Netzwerk an dem schon bald Winzer freiwillig teilnehmen: *„Über die Brauchbarkeit der einzelnen Sorten [...] gibt der phänologische Beobachtungsdienst alljährlich Aufschluss.“*

## 3.3 Hochzuchtregister

*„Zur Zeit (1924) beobachten 150 Stellen die Entwicklung der Rebe, wie Austrieb, Blüte, Reife und Krankheiten.“*

Dr. Ziegler gibt weitere administrative Anregungen und hat Erfolg damit. Dazu wörtlich:

> *„Einen weiteren Fortschritt in der Rebenzüchtung bedeutet die von der Deutschen-Landwirtschafts-Gesellschaft – DLG – 1921 eingeführte Rebenanerkennung und das 1924 ins Leben gerufene Rebenhochzuchtregister. Die Rebenanerkennung bezweckt, dem Käufer von Setzholz Bürgschaft dafür zu geben, dass dieses Setzholz aus Weinbergen stammt, die bezüglich des Bestandes einheitlich (Klonen) ertragsfähig und gesund sind. Das Hochzuchtregister hat den Zweck*

---

1 Dr. Irmgard Benda, ihr Beitrag in „75 Jahre Bayerische Landesanstalt für Rebenzüchtung und Gartenbau.“ (1977).

*die Züchtung der Reben in Deutschland und bewährten Re-*
*benzuchten die ihnen gebührende Achtung und Anerken-*
*nung zu sichern. Es soll die Züchter von Originalzuchten*
*gegen unlauteren Wettbewerb und die Winzer bei Bezug von*
*Setztreben gegen Täuschung über die Herkunft und Züch-*
*tung schützen.“*

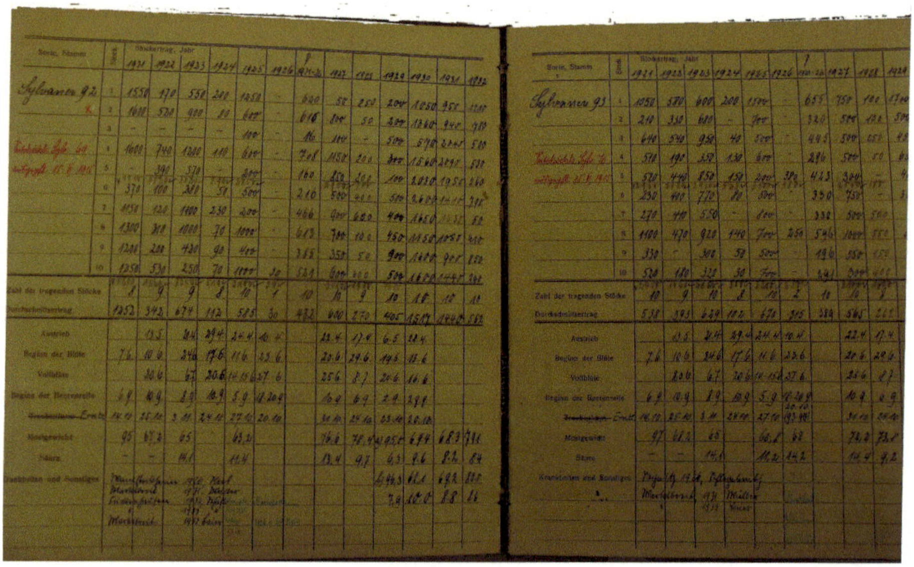

Abbildung 3.4:

Die Beobachtungsergebnisse notiert Ziegler akribisch seinem ›Vademecum‹

Foto: Wolfram Ziegler

Ein weiterer Schwerpunkt in Zieglers Arbeit sind die Kreuzungs-
züchtungen. Mein Onkel berichtet dazu:

*„Neben den züchterischen Arbeiten auf vegetativem Wege*
*sollen durch künstliche Kreuzungen pilz- und rebenlaus-*
*widerstandfähige Edelreben und geeignete Pfropfunterlagen*
*herangezüchtet werden.*

*Um dies zu erreichen wird alljährlich eine große Anzahl künstlicher Kreuzungen von Europäer- und Amerikanersorten vorgenommen.*"

In der Folge beschreibt er auf sehr anschauliche Weise, wie das geschieht. Wie etwa bei zuvor ausgesuchten Gescheinen (Blüten) die Staubgefäße mit der Pinzette entfernt und dann auf die Narbe einer anderen ausgewählten Pflanze aufgebracht werden. Der Vorgang ist komplizierter als er hier jetzt dargestellt werden kann. Dazu noch einmal mein Onkel:

*„Es ist wohl nicht besonders zu erwähnen dass bei dieser Feinarbeit die peinlichste Trennung und Sorgfalt zu üben ist. Die gekreuzten Gescheine entwickeln sich nach erfolgreicher Befruchtung weiter und verbleiben in den Pergaminbeuteln bis zur Ernte.*"

Bei dieser Art >Ernte< geht es nun nicht um den Wein aus diesen Trauben! Ziegler führt dazu weiter aus:

*„Die sorgfältig geernteten Trauben der einzelnen Kreuzungen werden lufttrocken und vor Mäusefraß gesichert den Winter über aufbewahrt. Kurz vor der Aussaat im Januar werden die Beeren entkernt und die Kerne im Warmhaus zu Sämlingen herangezogen und weitergezüchtet.*
*Auf Grund der Vererbungslehre ist die Möglichkeit gegeben, besonders von der zweiten Generation ab, neue Sorten zu erhalten. Nur bedarf es neben entsprechender Zeit eine sehr große Anzahl von Sämlingen und großer Anbauflächen zu ihrer Prüfung...Mit der Ausführung der Kreuzungszüchtung soll sich der Winzer nicht befassen.*"

Noch einmal Frau Dr. Irmgard Benda (1977) dazu:

*„Die Wiederentdeckung der >Mendelschen Gesetze< um 1900 und die aus ihnen gewonnen Erkenntnisse in die Aufspaltung in verschiedene Phänotypen ab der 2. Filialgeneration*

*mussten sich auch auf die Pflanzenzüchtung auswirken. Es sollte Ziegler vorbehalten sein auf der Grundlage dieser genetischen Erkenntnisse als Erster planmäßig und im großen Maßstab Züchtung zu betreiben."*

## 3.4 Züchtung zusammengefasst

Die Reben sollen durch biologische Eingriffe wie die Kreuzungszüchtung, die Samenauslese bei Traubenkernen zu Eliten herangezogen werden. Durch Klonen, sozusagen dem Züchten von Geschwistern, sollten diese Eliten sortenrein bleiben. Geeignete, meist amerikanische Wildreben als Pfropfunterlagen sollen die Pflanzen reblausfest machen und gegen andere Rebenkrankheiten sichern. Die Blüte und das Rebholz sollen die Maifröste gut überstehen. Hierzu nutzte Ziegler auch das *Biologische Institut der Universität Würzburg*. Die Vorteile früherer oder auch späterer Traubenreife soll je nach Sorte vom Winzer, auch durch richtige Auswahl der Weinlage und Böden ausgenutzt werden können.

Soweit die für mich erkennbar wichtigsten Züchtungsziele meines Onkels. Dabei stand der Nutzen für den Winzer im Vordergrund. Der wünschte sich nach den schweren Reblausschäden in Franken endlich einen ausreichendem Ertrag

>vor allem einen wohlschmeckenden aromareichen Wein<!

Seine wichtigsten Beobachtungen führte Dr. Ziegler bei den Sorten Riesling, Silvaner und Müller-Thurgau durch. Seine bekannteste Rebsorte ist der Rieslaner.[2] Während seiner Zeit in Würzburg bzw. Veitshöchheim, dem Standort der Rebenzuchteinrichtungen, baute Dr. Ziegler am Rossberg dort inmitten von Rebenhängen sein Wohnhaus. Er

---

2 Nach persönlichen Auskünften durch Dr. Hermann Kolesch und Josef Engelhart, Bayerische Landesanstalt für Weinbau und Gartenbau in Veitshöchheim, sowie auch Materialien von Theodor Häußler, Landwirtschaftsrat i. R., Pentling bei Regensburg.

Abbildung 3.5:
Zieglers Silvaner Rebe >WÜ 92<
Foto: © LWG

bewohnte es mit seiner Frau Julie. Es soll noch bestehen. Mein Onkel hatte in den Tropen dauerhafte gesundheitliche Schäden erlitten. Er musste es gespürt haben, dass seine Lebenszeit sehr begrenzt war. Er gratulierte meinen Eltern zu meiner Geburt im Februar 1937 und schrieb nach Hamburg vier Wochen vor seinem Tod:

*„Wir gratulieren Euch zum Stammhalter.*
*Nun ist der Bann gebrochen, es leben die Nachfolgenden!"*

Eine Botschaft, die ich nie zu meiner Zufriedenheit entschlüsseln konnte. Nach allem, was ich über seine Zeit in Togo und die ungerecht lange Gefangenschaft zu Tage gefördert habe, musste er den Kolonialdienst nachträglich wie eine Verbannung erlebt haben. Sozusagen als für ihn „verlorene Jahre".

Ich vermute darin auch den Schlüssel zu der ungewöhnlichen Leistungsdichte, die er in den folgenden fast 17 Jahren an den Tag legte. Und ich sehe darin den Auftrag an mich als einen „der Nachfolgenden", über sein Leben zu berichten.

Er verstirbt am 3. März 1937, auf dem Höhepunkt seiner Forschungen nur 51 Jahre alt in Würzburg. Die Spätfolgen einer Tropenkrankheit, vielleicht Malaria, haben seinen frühen Tod befördert. Attestiert wurde aber nur ein Herzversagen.[3] Seine Ziele hatte Dr. August Ziegler wohl weitgehend erreicht. Die Weinberge in Bayern waren dank seiner und der Winzer Anstrengungen gesundet, mit besseren Reben bestockt und brachten den Weinbauern wieder Erträge ein. Gemeinsam mit seinen Mitarbeitern hat er ein gutes Fundament für dauerhafte spätere Erfolge in der Rebenkultur gelegt. Er selbst hat nicht alle Früchte seiner Arbeit wirklich erfahren.

Eine Ehrung wurde Ziegler durch ein Medaillon auf dem Boden eines Fasses zuteil, welches sich seit etwa 1955 im Würzburger Staatlichen Hofkeller in der Residenz befindet. Gestiftet von fränkischen

---

3 Das jüngere Grabmal der Familie Ziegler aus Marktbreit, u. a. mit den Daten von
  Dr. August Ziegler konnte durch Wolfram Ziegler vor der Entsorgung bewahrt
  und zurückgekauft werden. Ein älteres Epitaph der Urgroßeltern in Marktbreit
  ging bereits verloren. Der Überseereisekoffer des Dr. August Ziegler sowie einige
  seiner Afrika Fotos im Besitz von Wolfram Ziegler sind auch dem Heimatmuseum
  Marktbreit zur Vorbereitung einer Ausstellung überlassen.

Abbildung 3.6:
Weinfaß „*August Ziegler 1921–1937*"
im „Staatlichen Hofkeller" in der Würzburger Residenz
Foto: Gudrun Wolfschmidt (2006)

Winzern aus Dankbarkeit für seine entscheidende Mitwirkung an der Wiederherstellung ihrer wirtschaftlichen Existenz, symbolisch dargestellt. Denn die konsequente Verwendung von amerikanischen (Wild-) Reben als Pfropfunterlage geht auf seine Veranlassungen zurück.

Abbildung 3.7:
Das Grabmal meiner Marktbreiter Familie konnte ich 1973
davor bewahren eventuell als Füllgut beim Bau der A7 zu verschwinden

Foto: Wolfram Ziegler

Dass seine Zuchtbücher über Krieg- und Nachkriegswirren erhalten blieben, ist wohl zu guten Teilen seinem treuen Mitarbeiter Josef

Laudenbach[4] zu verdanken. Sein bekanntester darin dokumentierter Erfolg ist eine selektierte *Kreuzung von Riesling x Silvaner*, als *NL 11-17* eingetragen.

Sein früher Tod 1937 und der Beginn des Zweiten Weltkrieges 1939 ließen die Erfolge und Verdienste von Dr. Ziegler bald in Vergessenheit geraten. Schließlich war die Stadt Würzburg 1945 eines der letzten Opfer vernichtender alliierter Bombardements. Auch die Anlagen der *Bayerischen Hauptstelle für Rebenzüchtung* wurden beschädigt und die Bevölkerung pflanzte nach 1945 Gemüse in diesen Anlagen. Die Zuchtbücher des Forschers galten als verschollen.

Auch Dr. phil. habil. Hans Breider (1908–2000) hat einen hohen Anteil an der Bewahrung, Darstellung und Würdigung des Wirkens und der Forschungsergebnisse des Dr. August Ziegler.

Frau Dr. Irmgard Benda,[5] vormals Leiterin der Rebenzucht in Kitzingen, hat Dr. Zieglers wissenschaftliche Arbeit dankenswert sehr sorgfältig recherchiert und eingehend beschrieben. Ihre Beurteilung seines Wirkens zum Abschluss:

> *„Als Ziegler 1937 plötzlich verstarb hinterließ er ein reiches züchterisches Erbe, umfangreiches Zuchtmaterial und Erfahrungsgut!"*

---

4 Josef Laudenbach (1907–1985), Weinbaumeister, als treuer Mitarbeiter Zieglers in Veitshöchheim mit Arbeiten der Rebenzüchtung betraut. Er trug besonders dazu bei, dass die von Dr. Ziegler angelegten Züchtungsbücher die Kriegswirren unbeschadet überlebten. Ihm oblag nach Zieglers Tod die Fortführung der Klonenzüchtung von noch heute gefragten Silvaner- und Müller-Thurgau-Reben.

5 Benda, I.: „75 Jahre Bayerische Landesanstalt für Rebenzüchtung und Gartenbau" (1977).

Abbildung 4.1:

Rieslaner Rebe und Frucht

Foto: © LWG Veitshöchheim

# Die Wiederentdeckung der Rieslaner Rebe

Zitat aus Veitshöchheimer Berichten 2002 *„80 Jahre Rieslaner"*, Aufsatz von Edgar Schwappach und Alfred Schmitt:

> *„steht doch in seinem (Zieglers) Tätigkeitsbericht über das Jahr 1921, dass er eine Reihe von Kreuzungen verschiedener Rebsorten durchführte, darunter auch zwischen den klassischen Sorten Silvaner und Riesling. Dieses Kreuzungsprodukt mit dem später >NI 11-17< genannten Sämling sollte einen bemerkenswerten Zuchterfolg darstellen. Bereits wenige Jahre später stellten Dr. Ziegler und sein Züchtungstechniker Josef Laudenbach[1] bei dieser neuen Sorte eine sehr interessante Eigenschaft fest, nämlich dass ihr vom Vater Riesling die gute Holzausreife vererbt worden war: Schutz gegen Winterfrost! Und was genau so wichtig war: Ab etwa 1927 ließ die Qualität der ersten Trauben eine vorzügliche Weinqualität erahnen."*

> *„Für eine größere Versuchsanpflanzung des Sämlings NI 11-17 hatte die Würzburger Rebenzüchtung am Roßberg keine Fläche parat, weshalb man nach einem privaten Betrieb Ausschau hielt. Dieser fand sich in dem fortschrittlichen*

---

1 Josef Laudenbach (1907–1985), Weinbaumeister, als treuer Mitarbeiter Zieglers in Veitshöchheim mit Arbeiten der Rebenzüchtung betraut. Er trug besonders dazu bei, dass die von Dr. Ziegler angelegten Züchtungsbücher die Kriegswirren unbeschadet überlebten. Ihm oblag nach Zieglers Tod die Fortführung der Klonenzüchtung von noch heute gefragten Silvaner- und Müller-Thurgau-Reben.

*Winzer und Wein-Gutsbesitzer Bruno Schmitt in Randersacker. Die zur Verfügung gestellte Parzelle >Am Randersackerer Sonnenstuhl< wurde schließlich im Jahre 1936 mit 400 wurzelechten Rebschulreben der Neuzüchtung bepflanzt."*

*>Die Fortführung dieser Arbeiten wurden durch den Krieg unterbrochen.<*

*„Erst 1947 begannen Landwirtschaftsrat Ledermann und Züchtungstechniker Josef Laudenbach wieder mit Züchtungsarbeiten. Nicht alle früheren (Zieglers) Unterlagen kamen wieder zum Vorschein. Auch der Sämling NI 11-17 wäre vermutlich in Vergessenheit geraten, hätte nicht Senior Bruno Schmitt diese 400 Stöcke der Zieglerschen Neuzüchtung all die Jahre ständig beobachtet."*

Das Weingut >Trockene Schmitts< Randersacker[2] baut seine Weine konsequent trocken aus.

Die Entscheidung Dr. Zieglers fränkische Winzer von Anfang an in seine Arbeit mit einzubeziehen und diesen ausgewähltes gesundes Pflanzgut so schnell wie möglich als Ergebnis seiner Züchtungsarbeiten an die Hand zu geben zahlte sich aus in Erträgen fränkischer und pfälzischer Weinbaugebiete.

Neue Anpflanzungen erfolgten nun sortenrein in Weinbergen und Lagen mit höchst unterschiedlichen Klima- und Bodenbedingungen. Eine sorgsame Beobachtung der spezifischen Eignung war nötig, wurde durch die Hauptstelle zwar begleitet, erfolgte auch durch die beteiligten Winzer selbst im Rahmen des durch Ziegler eingerichteten phänologischen Beobachtungsdienstes.

Diesem partnerschaftlichen Handeln war es zu verdanken, dass – wie oben beschrieben – Zieglers Zuchterfolge nach dem Kriege auch

---

2 Hier recherchierte Reiner Weber, Nauheim, erfolgreich: Das Weingut „Trockene Schmitts" in Randersacker bei Würzburg baut den Rieslaner trocken aus, zu einem feinfruchtigen, leicht säurebetonten Wein mit leicht grünlicher Farbe, ansprechender Duftnote.

Abbildung 4.2:
Die Abbildungen zeigen den „Sohn" *Rieslaner* im Vordergrund,
den „Vater" *Riesling* in der Mitte
und die „Mutter" *Silvaner* im dritten Boxbeutel
Foto: Wolfram Ziegler

in den Weinbergen dieser Winzer wieder gefunden werden konnten.
Auch Dr. habil. Hans Breider hat in Verbindung mit den Winzern

in Randersacker einen hohen Anteil an der Wiederentdeckung dieser wunderbaren Rebe, aus der heute hochpreisige Weine hervorgehen.

Auch das Weingut Kreglinger in Segnitz / Main pflegt in der Lage Pfaffensteig noch heute den Anbau der Rieslaner Reben als Abkömmlinge von Zieglers Original Klonen. Wingerte mit Rieslaner Bestockung findet man auch in der Pfalz und in Rheinhessen.

Abbildung 4.3:
Die junge Winzerin Linda Müller findet ihre eigenen Wurzeln im Familienstamm der Ziegler aus Obernbreit.

Sie erntet am 31. Oktober 2016 Rieslanertrauben im elterlichen Wingert >Pfaffensteig<. Segnitz und Marktbreit liegen sich gegenüber, sind aber durch den Main getrennt. In dieser Lage werden hohe Mostgewichte erreicht, es gelingen Beerenauslesen (vgl. auch Abb. 0.4, S. 9).

Foto: Weingut Kreglinger

Abbildung 4.4:
Das Blatt der Rieslaner Rebe
Foto: © LWG

Eine eingehende Würdigung erhielt die Rieslaner Rebe zu ihrem 80. Geburtstag 2001. Die beiden eingangs erwähnten Autoren beschreiben die Stärken und Schwächen der Sorte. Anschaulich erfährt der Leser viel zur Geschichte, zur Namengebung und zu Erfahrungen, die beim Anbau gemacht wurden. Die Züchter in Veitshöchheim ruhten in der Folge nicht, bis auch die Schwächen der Rebe erfolgreich bearbeitet waren. Nicht selten erzielen nun Winzer mit dem Rieslaner hoch prämierte Spitzenweine.

Abbildung 5.1:
2006er Segnitzer Pfaffensteig, Rieslaner Trockenbeerauslese,
Weingut Kreglinger Segnitz, Sieger Best of Gold 2009

Foto: Wolfram Ziegler

# Fazit und Dank

## 5.1 Danke für die Unterstützung

Das Berufsleben als Rebenzüchter recherchierte Frau Dr. Irmgard Benda besonders genau aus Anlass der Geschichte von 75 Jahren der Bayerischen Landesanstalt für Wein und Gartenbau, LWG, in Veitshöchheim. Ihr gilt mein herzlicher Dank wie auch allen nachfolgend genannten Personen.

Freundliche Unterstützung fanden meine Nachforschungen gerade auch durch den Präsidenten der *Landesanstalt für Gartenbau und Weinbau* in Veitshöchheim Dr. Hermann Kolesch sowie durch seinen Mitarbeiter Josef Engelhart, Weinbautechniker und Ampelograph.[1] Er hat auch Materialien aus den Archiven der LWG bereitgestellt und meine Ausführungen fachlich begleitet.

Unterstützt hat mich auch Landwirtschaftsrat i. R. Josef Häußler, Regensburg als Autor von Weinbau Fachliteratur. Dr. phil. habil. Hans Breider (1908–2000) bin ich besonders dankbar für die faire und anerkennende Art, mit der er als einer der Nachfolger Dr. Zieglers mit dem züchterischen Erbe seines Vorgängers umgegangen ist. Er hat auch die Bedeutung von Zieglers Reben Neuzüchtung >*Rieslaner*< wohl wieder entdeckt und populär gemacht.

Das Bayerische Hauptstaatsarchiv in München, wo durch Wolfram und Inge Ziegler im April 2016 Auswertungen insbesondere in der Personalakte des Dr. Ziegler vorgenommen wurden, hat seine Archive schnell und unbürokratisch geöffnet und damit Einblick in bisher weniger bekannte Details seines Lebens ermöglicht. Ein Dank geht auch an Barbara Weiß, die mir bei der Arbeit im Bundesarchiv in Berlin behilflich war.

Reiner Weber, der Ehemann von Christel, geborene Ziegler, hatte 2006 Nachforschungen begonnen, diese waren aber 2011 ins Stocken geraten, denn

---

1 Ampelograph, Rebenfachkundler, beschäftigt sich mit der wissenschaftlichen Zuordnung der Reben, Rebsorten (vom griechischen ἄμπελος „*ámpelos*" = Weinstock, Rebe).

Zeitzeugen meines Onkels sind nicht mehr zu befragen. Dies machte Nachforschungen zu seiner Afrikazeit besonders schwierig. Viele Ereignisse liegen über 100 Jahre zurück. Leider gibt es hierzu auch keine ausreichende Selbstauskunft Zieglers in seiner archivierten Personalakte. Seine eigenen Aufzeichnungen insbesondere zu Togo gingen mit dem Ableben seiner Witwe 1953 in München verloren.

Hier half der Historiker und Togo Spezialist Dr. habil. Peter Sebald weiter; für dessen Auskünfte und Literatur ich mich an dieser Stelle sehr bedanke. Die Entschlüsselung der über fünf Jahre Gefangenschaft ist mir erst in den letzten Wochen gelungen. Dieses Schicksal teilte Ziegler mit vielen Togodeutschen Kriegsgefangenen, darunter waren auch internierte Frauen der kolonialen Reichsbediensteten.

Mein Dank gilt Verwandten, die sich an der langen Spurensuche beteiligt haben.

Herzlicher Dank gilt besonders Frau Prof. Dr. Gudrun Wolfschmidt. Sie ist eine Nichte von Dr. August Ziegler und meine Cousine, jeweils im zweiten Verwandtschaftsgrad. Als eine sehr erfahrene wissenschaftliche Autorin und hat sie zuletzt meine Recherchen redigiert, Abbildungen bearbeitet und ergänzt und das Buch in ein perfektes Layout gebracht. Sie leistete zudem eigene Beiträge, insbesondere zu Zieglers Doktorarbeit, sowie zum Quellen- und Literaturverzeichnis.

Wenn auch erst am Schluss erwähnt:

> *Respekt, ja Hochachtung gilt natürlich zuerst meinem Onkel August selbst.*

Das in seinem kurzen Leben für uns Nachfahren Geleistete nötigt mich zur Demut und Stolz und unsere Familien zu großer Dankbarkeit. Die nunmehr erarbeitete Datensammlung vervollständigt Erkenntnisse über Zieglers berufliche Tätigkeiten.


## 5.2 Ein Fazit

Das Leben eines Menschen aus vielen alten Vorgängen, wie Archiven, antiken Fotos auf Glasplatten, fachlichen Beurteilungen durch Kollegen und aus vielen anderen Quellen – seinen eigenen Berichten – wieder auferstehen zu lassen, war eine spannende Sache. Ein familiengeschichtliches Interesse war natürlich auch ein Motiv für mich zu handeln. Dass dies gerade jetzt passierte, ist der Stadtgeschichte von Marktbreit zu verdanken, wie eingangs begründet.

Und, wie beschrieben, auch weil ich mich der Leistung meines Vaters Bruder August verpflichtet fühle, gerade weil er so früh verstarb und kinderlos blieb. Hat all dies eine über die oben beschriebenen Beweggründe hinausgehende Rechtfertigung für die Jetztzeit? Schließlich sind mehr als 130 Jahre seit der Geburt und fast 80 Jahre seit dem Ableben meines Onkels vergangen. Sein erfolgreiches Wirken, insbesondere für die Landwirtschaft und den Weinbau in Franken ist unbestritten, alles aber liegt so weit zurück!

Frau Dr. Irmgard Benda:

> *„Aus seiner Arbeit gingen verschiedene noch heute im Anbau befindliche Silvaner-, Müller-Thurgau- und Frühburgunder-Klone hervor, fand auch die Ertragsrebensorte Rieslaner später Eingang in den Weinbau. Verschiedene, uns heute selbstverständlich erscheinende Maßnahmen wie die auf wertvollen Klonen basierende Erhaltungszüchtung gehen auf Dr. Ziegler zurück.“*

Ja, es ist aus meiner Sicht auch für heute begründet an seine Arbeiten zu erinnern.

Wir haben in Deutschland eine hohe Weinkultur. Und mein Onkel hat mit anderen Kollegen entscheidend zu dem hohen Niveau unserer deutschen Weine beigetragen. Eine Qualität, gestützt auf seine Grundlagenforschung in den 1920er und 30er Jahren, die dahin fortschritt, was wir heutigen Weingenießer in unserem Weinglas finden! Darüber hinaus ist es eine interessante und ungewöhnliche Lebensgeschichte. Es würde mich freuen, wenn auch die Stadt Marktbreit sich ehrenvoll an ihren Sohn erinnert.

In diesem Sinne, ein frohes Prosit beim Weinverkosten!

Wolfram Ziegler
Bensheim an der Bergstraße im März 2017

Abbildung 6.1:

Dr. August Ziegler

(Familienarchiv Ziegler)

# Anhang: Dr. August Ziegler – Curriculum Vitae in Tabellenform[1]

August Otto Friedrich Ziegler

geboren am      22. Oktober 1885 in Marktbreit am Main
gestorben am    03. März 1937 in Würzburg.

Tabelle 6.1: Ausbildung und Studium

| | |
|---|---|
| 1896–1902 | Besuch der Real- und Handelsschule in Marktbreit, |
| 1902–1904 | Besuch der Königlichen Industrieschule |
| | zu Nürnberg (am Bauhof, 1904 Keßlerplatz) |
| | Chemisch-technische Abteilung |
| 1904–1907 | Studium: Landwirtschaft / Chemie |
| | Königlich Bayerische Akademie Weihenstephan |
| 1907 | Examen / Diplom Landwirt |
| 1910 | Diplom als Lehrkraft Ökonomie |
| 1911 | Promotion: *„Basalborste der zweizeiligen Gerste"* |
| | an der Technischen Hochschule München |

---

1 Die folgende Tabelle wurde zusammengetragen durch den Neffen Wolfram. Die Dokumentenauswertung geschah durch Inge und Wolfram Ziegler im Bayerischen Hauptstaatsarchiv in München im April 2016, ergänzt durch weitere, auch familiäre Quellen.

Tabelle 6.2: Berufspraxis

| | |
|---|---|
| Sommer 1905 | Berufspraxis als Ökonomiepraktikant beim Brauerei- und Gutsbesitzer Alois Niedermayr in Altomünster, gleichzeitig Ausbildung dort in Tierheilkunde durch Dr. Max Kreutzer, Direktionstierarzt |
| Sommer 1908 | Volontariat auf Gut Eduard Meyer in Neufrankenroda / Thüringen, vertritt dann als Verwalter für 2 Monate den Gutsbesitzer während dessen Amerikareise. |
| 1907/ 1908 | Mitarbeit auf der Domäne Friedrichswerth unter Anleitung von Dr. Gustav Fröhlich Pflanzenzuchtausbildung, Pflanzenselektion. Gut Linden in Sachsen bei Freiherr von der Tann, Erkenntnisse in praktischer Landwirtschaft gewonnen. |
| 1909 /1910 | Königlich Bayerische Saatzuchtanstalt Weihenstephan bei Prof. Kiesling morphologische Untersuchungen an Gerste |
| 04.09.1910 | Hofgut Georg Heil Saatbau Tückelhausen Zuchtinspektor für Saatgut. |

Er bewirbt sich in dieser Zeit erfolgreich um Zulassung zum Staatsexamen als landwirtschaftliche Lehrkraft, besteht das Examen mündliche Note 1, schriftliche Note 2.

Tabelle 6.3: Togo und Würzburg-Veitshöchheim

| | |
|---|---|
| 1. Juli bis 8. September 1911 | Vorbereitung des Dienstes im Schutzgebiet durch das Reichskolonialamt in Berlin, Einstellung als Reichsbeamter |
| 1911 | im Dienst des Gouvernements von Togo als landwirtschaftlicher Sachverständiger tätig hauptsächlich für Mais, Baumwollzüchtung |
| 1914 bis 1919 | in französischer Kriegsgefangenschaft. |
| 1921 bis 1937 | Leiter der Bayerische Hauptstelle für Rebenzüchtung an der Bayerischen Landesanstalt für Weinbau und Gartenbau Würzburg / Veitshöchheim. |

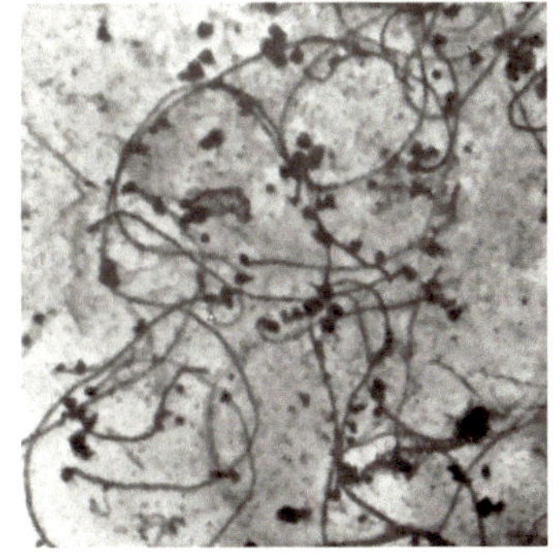

Abbildung 6.2:
Links: Kreuzung: Gravensteiner x Schöner Boskoop, Keimung 57%
Rechts: Rieslaner – Kreuzung: Riesling und Silvaner (Ziegler 1921)

Ziegler, August: Pollenphysiologische Untersuchungen (1927), Tafel IV.
Foto: Gudrun Wolfschmidt (2006)

# Pollenphysiologische Untersuchungen an Kern- und Steinobstsorten in Bayern und ihre Bedeutung für den Obstbau.

Von

## Dr. A. Ziegler und Dr. P. Branscheidt.

(Aus dem Laboratorium für Reben- und Obstzüchtung an der Staatlichen Bayerischen Hauptstelle für Rebenzüchtung, Würzburg. Vorstand: Dr. A. Ziegler.)

**Mit 15 Abbildungen auf Tafeln.**

BERLIN

VERLAGSBUCHHANDLUNG PAUL PAREY

Verlag für Landwirtschaft, Gartenbau und Forstwesen

SW. 11, Hedemannstraße 10 u. 11

1927.

Abbildung 7.1:

Ziegler, August und Paul Branscheidt:
Pollenphysiologische Untersuchungen. (Berlin 1927).

(Biozentrum Klein Flottbek, Uni HH (Al: K 1/9928).)

# Quellen und Literatur

## 7.1 Quellen

Bayerisches Hauptstaatsarchiv in München (Personalakte August Ziegler).

SEBALD, PETER: (Collektion Sebald) Aus der Korrespondenz zweier Togo Kolonialbeamter im Jahre 1937, Dustert an Gruner (Nachlass Gruner, Nr. 73, S. 159–166).

ZIEGLER, AUGUST: *Untersuchungen über die Basalborste der zweizeiligen Gerste.* München: R. Oldenbourg 1911 (Dissertation).

ZIEGLER, AUGUST UND PETER MORIO: *Die Rebenzüchtung in Bayern.* München: Gerber (Bayerische Landesanstalt für Weinbau und Gartenbau Veitshöchheim) 1922–1930.
*Landwirtschaftliches Jahrbuch für Bayern* (1921), Nr. 11/12, (1924), Nr. 2/3. *Wein und Rebe* **9** (1927/28).

ZIEGLER, AUGUST UND PAUL BRANSCHEIDT: *Pollenphysiologische Untersuchungen an Kern- und Steinobstorten in Bayern und ihre Bedeutung für den Obstbau.* (Aus dem Laboratorium für Reben- und Obstzüchtung an der Staatl. Bayer. Hauptstelle für Rebenzüchtung Würzburg. Vorstand: A. Ziegler). Berlin: P. Parey 1927 (104 Seiten).

ZIEGLER, WOLFRAM: Familienarchiv Ziegler.

## 7.2 Literatur

BENDA, IRMGARD: *Die Entwicklung der Rebenzüchtung in Würzburg 1912–1977.* 75 Jahre Bayerische Landesanstalt für Rebenzüchtung und Gartenbau. In: Bayer. Landw. JB 54 (1977), 3, S. 26–42.

BREIDER, HANS UND SEBASTIAN ENGLERTH: *Ein Beitrag zur Geschichte des fränkischen Weinbaues.* Schriften zur Weingeschichte, hg. von der Gesellschaft für Geschichte des Weines e.V.; Nr. 54 (1980), (40 S.).

*Brockhaus' Konversations-Lexikon.* Leipzig, Berlin & Wien (14. Auflage) 16 Bände, 1892–1895, Supplementband (Band 17), 1897.

Doetsch, Carl W. H.: *Kamina und das Los der Togogefangenen.* In: Telefunken-Zeitung IV (1920), Nr. 19, S. 29–41.
http://de.calameo.com/read/001623906bbd17bcb695b.

Gruner, Hans: *Vormarsch zum Niger. Die Memoiren des Leiters der Togo-Hinterlandexpedition 1894/95.* Hg. von Peter Sebald. Berlin: Edition Ost 1997.

Müller, K.: *Weinbaulexikon.* Berlin: Parey 1930.

Sebald, Peter: *Togo 1884–1914. Eine Geschichte der deutschen 'Musterkolonie' auf der Grundlage amtlicher Quellen.* Berlin: Akademie-Verlag 1988.

Sebald, Peter: *Die deutsche Kolonie Togo 1884–1914. Auswirkungen einer Fremdherrschaft.* Berlin: Ch. Links Verlag (Schlaglichter der Kolonialgeschichte; 14) 2013.

Sprigade, P. und M. Moisel: *Deutscher Kolonialatlas mit Illustriertem Jahrbuch.* Berlin: Dietrich Reimer 1908.

Wahl, Klaus und Irmgard Benda: *Die Entwicklung der Rebenzüchtung. Würzburg 1912–2002.* In: 100 Jahre Ausbildung und Forschung. Würzburg (Veitshöchheimer Berichte aus der Bayerischen Landesanstalt; H. 64) 2002, S. 67–70.

# 7.3 Web-Links

August Ziegler – Wikipedia:
https://de.wikipedia.org/wiki/August_Ziegler

August Ziegler – WürzburgWiki:
http://www.wuerzburgwiki.de/wiki/August_Ziegler

August Ziegler in „Gesellschaft für Geschichte des Weines" (GGW):
https://www.geschichte-des-weines.de/

Bayerische Landesanstalt für Weinbau und Gartenbau (LWG) Veitshöchheim bei Würzburg: http://www.lwg.bayern.de/, Weinbau
http://www.lwg.bayern.de/weinbau/rebe_weinberg/index.php

Rieslaner: http://www.lwg.bayern.de/weinbau/rebe_weinberg/076499/

Würzburg Info (Wolfschmidt): http://www.hs.uni-hamburg.de/DE/GNT/events/wbg-info.htm.